公益性行业(农业)科研专项资助(200903014)
Special Fund for Public Welfare Technology Research of Agricultural Industry(200903014)

狐狸养殖与疾病防治技术

马永兴　付志新　张　军　主编

中国农业大学出版社
·北京·

图书在版编目(CIP)数据

狐狸养殖与疾病防治技术/马永兴，付志新，张军主编. —北京：中国农业大学出版社，2010.10

ISBN 978-7-5655-0044-2

Ⅰ.①狐… Ⅱ.①马…②付…③张… Ⅲ.①狐-饲养管理②狐-动物疾病-防治 Ⅳ.①S865.2②S858.92

中国版本图书馆 CIP 数据核字(2010)第 137648 号

书　名　狐狸养殖与疾病防治技术

作　者　马永兴　付志新　张　军　主编

策划编辑　梁爱荣　　责任编辑　王彦平

封面设计　郑　川　　责任校对　王晓凤　陈　莹

出版发行　中国农业大学出版社

社　址　北京市海淀区圆明园西路 2 号　　邮政编码　100193

电　话　发行部 010-62731190，2620　　读者服务部 010-62732336

编辑部 010-62732617，2618　　出　版　部 010-62733440

网　址　http://www.cau.edu.cn/caup　　**e-mail** cbsszs @ cau.edu.cn

经　销　新华书店

印　刷　北京鑫丰华彩印有限公司

版　次　2010 年 10 月第 1 版　　2015 年 4 月第3 次印刷

规　格　850×1 168　　32 开本　　7.625 印张　　188 千字

定　价　18.00 元

主　　编　马永兴　付志新　张　军

副主编　朱文进　梁建兰　张进红
刘志勇　邢秀梅　李景村

参编人员　（以姓氏笔画为序）
于冬梅　马银富　边保全
白凤武　冯　岭　任二军
孙伟丽　关学敏　刘　洁
刘爱丽　齐　静　张子佳
张玉宏　宋会良　苏永鹏
张秀环　张秀兰　张英海
苏咏梅　李春芳　张艳英
吴　琼　李　颖　周忠良
庞海玲　杨　艳　苗建民
段玲欣　荣　敏　徐晓敏
郭丽兰　崔振伟　韩丽娜
焦春晨

主　　审　杨福合　冯敏山　李光玉

前　言

我国狐狸资源丰富,人工养殖历史悠久,积累了丰富的养殖经验,随着市场经济的日益发展,人们生活水平的提高,对狐狸毛皮产品的需求质量也随之提高。但是,目前我国狐狸养殖生产技术还相对落后,饲养管理粗放,仔兽成活率低,导致其毛皮品质不高,毛皮价格不稳,这些均严重制约了狐狸毛皮产业的发展。所以,狐狸养殖与疾病防治已成为目前急需解决的技术问题。为此,我们参阅有关文献资料结合多年积累的养殖经验,编写了《狐狸养殖与疾病防治技术》一书。本书主要从狐狸的品种特征、生活习性、圈舍要求、科学饲养管理、疾病防治等方面进行了介绍。该书力求做到理论与实践相结合,具有实用性、先进性和可操作性,可供狐狸养殖户学习和参考。

由于编者水平和经验所限,加之时间仓促,书中难免有疏漏之处,错误和不足在所难免,恳请有关专家和广大养殖户给予批评指正。在此,再次向参阅资料的提供者表示谢意。

编　者

2010 年 6 月

目　录

第一篇　狐狸的饲养管理

第一篇

狐狸的饲养管理

第一章　狐狸的生物学特性

养狐是为了取得优良种兽和优质皮张。狐皮属高档珍贵裘皮，是国际裘皮市场的三大支柱之一；其被毛轻暖，美观华丽，毛色素雅，针毛挺实，底绒丰厚，板质耐磨而富有弹性，是高档服装、披肩、镶头围巾、帽子等产品的重要加工原料。

第一节　狐狸的分类与分布

一、狐狸的分类

狐在分类学上属哺乳纲、食肉目、犬科动物。目前，世界上人工饲养的狐狸主要有赤狐、银黑狐（又名银狐）和北极狐（又名蓝狐）3个种，它们分属两个不同的属，即狐属和北极狐属。狐属世界上共有9个种，广泛分布于亚洲、非洲和北美洲大陆，但马达加斯加、东南亚、南美洲、大洋洲和一些大洋岛屿不见其分布。我国有3个种，即赤狐、沙狐和藏狐。赤狐除台湾和海南省外，在全国各地均有分布，沙狐仅分布在内蒙古东部，藏狐主要分布于西藏地区。

北极狐分布在亚洲、欧洲和北美洲的北部，接近于北冰洋地区。

二、狐属

世界上现存9种，其中3种分布于我国。

1.赤狐

赤狐是狐属中分布最广、数量最多的一种。国内也称之为草狐、红狐、狐或狐狸。赤狐国内有5个亚种分布。

(1)蒙新亚种　分布于我国北部草原及半荒漠地带,包括内蒙古中部,往西经陕西、甘肃、宁夏北部至新疆北部。

(2)西藏亚种　分布于西藏及云南西部,可能新疆南部所产也属本亚种。国外分布于印度北部、尼泊尔及锡金等地。

(3)华南亚种　本亚种分布于我国福建、浙江、湖南、河南南部、山西、陕西、四川(不包括西康地区)、云南等省区。

(4)东北亚种　分布于东北地区及前苏联西伯利亚地区。

(5)华北亚种　分布于河北、河南北部、山西、陕西、甘肃等地。

2.沙狐

沙狐体形较赤狐小。主要分布在内蒙古的呼伦贝尔盟、青海、甘肃、宁夏、新疆等地。国内分布有两个亚种:

(1)指名亚种　主要分布于内蒙古的呼伦贝尔盟等地。

(2)北疆亚种　见于新疆北部。

3.藏狐

藏狐体形大小与沙狐相似。栖息于海拔3 600 m的高原地区,主要分布于云南、西藏、青海、甘肃。国外见于尼泊尔,无亚种分化。

4.银黑狐

银黑狐又名银狐,原产于北美北部和西伯利亚东部地区,是人工饲养数量最多的一种。它是赤狐在野生的环境下毛色变种狐,分东部银黑狐和阿拉斯加银黑狐两种。这两种狐毛色变异不大。

5.十字狐

十字狐产于亚洲和北美。体形与赤狐相似,四肢与腹部呈黑色,头肩、背部呈黑褐色,在前肩和背部有黑十字形花纹。

6. 其他彩色狐

随着科学技术发展与市场需求的变化，各国已培育出不少彩色狐狸。常见的有琥珀色狐、铂色狐、珍珠色狐等。

三、北极狐属

北极狐人工养殖历史较早，产于亚欧北部和北美北部，靠近北冰洋一带，以及南美洲南部沼泽地区和森林沼泽地区。如阿拉斯加、北千岛、阿留申群岛、库曼多、格陵兰岛等地。野生北极狐常年生长在北冰洋附近，白雪皑皑，其毛保护色冬季为白色，夏季色变浑一些，但时间很短。但也有另一种浅蓝色的北极狐，其毛色有较大变异，从浅灰、浅蓝到接近黑色，有时它可生下白色北极狐。

第二节　狐狸的形态与生活习性

一、狐狸的形态

1. 体型

狐体型在犬科动物中属于中等偏小，小于狼和豺。类似中等体型的犬，吻尖而长，耳较大直立，瞳孔呈直缝状，四肢较短而强健，掌垫后端生毛，趾垫与掌垫之间有一腺窝。尾长而圆粗，等于或超过体长之半，尾毛长而密，具有尾下腺，能释放狐臭。

(1)赤狐　赤狐是狐中体型较大的一种，其体躯较其他狐种长，成年狐通常都在60～90 cm，尾长可达40～90 cm，体重约5 kg(图1-1)。

(2)沙狐　沙狐体型比赤狐小，体长45～60 cm，尾长24～35 cm，体重2～3 kg(图1-2)。

(3)藏狐　藏狐体型大小与沙狐相似，体长50～70 cm，尾长25～40 cm(图1-3)。

图 1-1 赤狐

图 1-2 沙狐

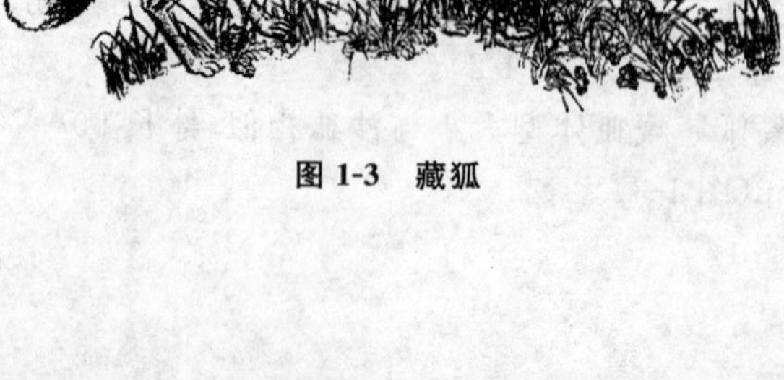

图 1-3 藏狐

(4)银黑狐　银黑狐公狐平均体长 65～70 cm,体重 5～8 kg;母狐体长为 63～67 cm,体重 5～6 kg(图 1-4)。

图 1-4　银黑狐

(5)北极狐　北极狐体型较银黑狐小,四肢也短,公狐平均体重在 5～7 kg,体长 58～70 cm,尾长 25～30 cm(图 1-5)。

图 1-5　北极狐

2. 毛色

狐狸被毛的颜色因种、亚种而异,是分类鉴别的主要依据之一。

(1)赤狐　赤狐体色一般呈赤褐(火红色)、黄褐(棕红色)、灰褐等色,双耳背面及四肢为黑色,吻部为黄褐色,喉部、前胸、腹部毛色浅淡而呈白色或乌白色。尾毛蓬松,上部毛为红褐而带黑色,尾尖为白色。仔狐毛色为浅灰褐色。

赤狐被毛体色的地理变异较大,不同地理亚种被毛色泽不同。

①蒙新亚种　本亚种主要特征为毛色浅淡,呈草黄色,背部、颈部及双肩呈锈棕色,吻鼻部毛色也较淡,腹部较淡呈白色。尾部黑色毛不重,整个尾部灰黑色调不明显。

②西藏亚种　毛色赤红至棕黄,略染黑色、银白色调。尾毛黑色较深重,使整个尾部呈现灰暗色调。

③华南亚种　被毛较其他亚种短而疏薄。背毛灰褐色。尾较短小。

④东北亚种　背毛显鲜亮的赤红色,针毛不具黑色毛尖,底绒烟灰色。体侧毛色棕黄,两肋色泽较浅,呈鲜棕黄色。吻部赤棕,颊部较深。耳背面上端呈明显的黑褐色。前肢前面黑色,外面棕褐,内侧棕灰。腹部毛色浅灰。尾形粗大。本亚种毛色变异较大,有的背毛呈麻棕或赤褐色,色调深重。

⑤华北亚种　被毛特征与华南亚种相似。背毛呈偏棕褐色,尾以棕褐为主,稍黑色色调。喉部褐灰,毛端灰白。前肢前侧为麻棕色。腹毛近乎棕白。

(2)沙狐　沙狐全身毛色较淡,冬季毛色由淡棕色至暗棕色,夏季毛色近于淡红色。尾末端部毛黑色。指名亚种体背棕褐色;新疆亚种体背锈褐色。

(3)藏狐　藏狐体背沙黄色,腹部白色,体侧青灰色而呈宽带状,同背部、腹部毛色分界明显。尾部针毛尖为黑色、尾尖白色、四肢草黄色。

(4)银黑狐　银黑狐吻部、双耳、背部、腹部和四肢毛色为黑褐色。背部及体侧呈银色。银色被毛是由针毛的颜色决定的。针毛的颜色有白色、黑色和白色毛干黑色毛尖三种。各种针毛的比例决定被毛的银色强度。绒毛为灰褐色。尾尖为白色。

(5)北极狐　北极狐在野生状态下有两种毛色,一种是有季节性的二型性,冬季为白色,夏季呈灰褐色;另一种终年呈浅蓝色,其底绒为蓝色,被银色毛冲淡,十分美观,在国际市场享有盛誉,售价较高。在北极狐中可以见到大量的毛色突变类型。

另外,同一种狐狸饲养在不同的地区,其被毛也不一样。一般寒冷地区所产的皮张毛长而丰厚;气候炎热地区所产皮张被毛薄而短。

二、狐狸的生活习性

狐狸栖息环境较为多样,山地丘陵、森林、草原和丛林,有河流、溪谷、湖泊的地方,常以石缝、树洞、土穴或灌木丛为洞巢,白天卧于土穴或树洞中,夜间出来活动、觅食,多用偷袭方式猎取食物。狐狸食性较杂,以动物性食物为主,常以中、小哺乳动物、鸟类、鸟卵、爬行动物、两栖类、鱼类、昆虫,以及动物的腐肉为食。植物的籽实、根茎、叶、浆果也是狐狸的食物。采食的种类受季节、环境和地形地势的影响而变化。有些地区鼠类是狐的主要饲料,占食物的3/4,一昼夜可捕食15～20只鼠。捕捉食物常以快速跳捕捉,当捕到多余的食物时,就将不太喜欢吃的食物贮存在松土、树叶或积雪下面以备将来食用,并习惯把贮藏食物的地点伪装起来,排上尿做标记。在寒冷的冬天仍外出觅食。狐狸抗饿性很强,有时几天都得不到食物,为饱腹而白天黑夜奔波。

狐狸嗅觉及听觉都很灵敏,能发现0.5 m深雪下藏于干草堆的田鼠,能听到100 m内老鼠轻微的叫声。行为敏捷,善于奔跑,疾驰时后足越过前足颇似兔的足迹排列。记忆力很强。犬齿细长、锐利,臼齿构造复杂,适合撕裂肉类。汗腺不发达,以张口伸舌快速呼吸的方式来调节体温。狐狸能沿峭壁爬行,会游泳,还能爬倾斜的树,爬到树上睡午觉。狐狸机警多疑,昼伏夜出。

野生北极狐一般生活在沿海岛屿和河流沿岸的沼泽地。野生北极狐有时群居,有人曾发现一个洞穴中集居 20～30 只。

赤狐和银黑狐每年换毛一次,从 3—4 月份开始,先从头部、前肢开始换毛,其次为颈、肩和后肢、前背、体侧、腹部、后背,最后臀部与尾部。新毛生长的次序与脱毛相同。7—8 月份,冬毛基本脱落。春天长毛,在夏初便停止生长,7 月末开始新的针、绒毛大量生长冬夏毛之间在结构上不尽相同。北极狐春季脱毛从 3 月末开始,夏毛的更换在 10 月底结束。12 月初或中旬冬毛基本成熟,狐皮属于晚期成熟类型。

日照的长短对脱毛影响很大,在夏、秋两季人工缩短光照时间,冬毛可提前成熟,在低温时,毛的生长可能快一些。

在自然界中,狐狸的天敌有狼、猞猁等猛兽。

第三节　狐狸新陈代谢的季节性变化

狐狸新陈代谢的季节性变化是其主要的生物学特点。物质代谢、繁殖、换毛,行为活动等都有严格的季节性。

物质代谢在一年不同时期,狐狸有着不同的变化(表 1-1)。秋、冬两季消耗的营养物质比夏季少,而秋季营养物质用于沉积体内贮备。代谢水平以夏季最高,冬季最低,夏秋相近,但高于冬季而低于夏季。代谢水平依其个体状况有所差异。体质健壮的狐狸,每千克体重每小时要排出 312 mL 二氧化碳,但是体质弱的同等重量的狐狸在同样条件下要排出 250 mL 的二氧化碳,代谢水平高低同活动量有关,通常剧烈活动的狐狸,其代谢水平比平时高 4～5 倍。

一年四季内物质代谢的改变,则引起体重的季节性变化。秋季银黑狐和蓝狐的体重比夏季(7—8 月份)平均提高 20％～25％,这是由于在体内沉积大量脂肪所致。在 7—8 月份体重最轻,而在 12 月份至翌年 1 月份体重最重(表 1-2)。

表 1-1　狐狸基础代谢的季节性变化　kcal/kg

狐别	季节			
	春季	夏季	秋季	冬季
银黑狐	234	259	217	176
蓝狐	293	330	284	247

注：1 kcal＝4.18 kJ。

第四节　主要系统的解剖特点

一、骨骼系统

骨骼系统包括头骨、脊柱、胸骨、肋骨、四肢骨。

(1)头骨　头骨上部、下颌骨、舌骨三部分。

(2)脊柱　由 48～49 枚椎骨组成。颈椎 7 枚，胸椎 13 枚，腰椎 7 枚，荐椎 3 枚，尾椎 18～19 枚。

(3)肋骨　有 13 对，肋的上段为肋骨，下段为肋软骨。胸骨肋 9 对，由肋软骨和胸骨直接成关节。

(4)胸骨　由 8 节长杆状的胸骨片连接，最前节的前端为稍下垂的胸骨柄，最后节的后端有一圆片状的剑状软骨。

(5)前肢骨　包括肩胛骨、锁骨、肱骨、前臂骨、腕骨、掌骨及指骨。肩胛骨为斜三角形扁骨。锁骨为小片状骨，于肩关节前方被包于臂头肌中。肱骨为细长而扭曲管状长骨。前臂骨包括桡骨及尺骨，桡骨比尺骨短而粗。腕骨有 7 块，上行 3 块，由内向外依次为桡中腕骨、尺腕骨及副腕骨；下行 4 块依次为第 1、2、3、4 腕骨。它们与掌骨成关节。掌骨有 5 块，第 1 掌骨在内侧，最短，行走时不着地，第 3 掌骨最长。指骨有 5 个，第 1 指具有两个指节骨，其他 4 节具有 3 个指节骨。

表 1-2　成年狐狸体重的季节性变化　　kg

月份	银黑狐				北极狐			
	公		母		公		母	
	体重	%	体重	%	体重	%	体重	%
1	7.4(6.9～7.6)	95.3	5.9(5.4～6.4)	98.3	7.0(6.2～8.0)	98.6	5.5(5.6～6.4)	98.2
2	6.6(6.2～7.0)	88.0	5.3(4.8～5.7)	88.3	6.8(6.6～7.6)	95.1	5.2(4.6～6.2)	94.6
3	6.0(5.5～6.4)	80.0	4.8(4.4～5.2)	80.0	6.4(5.7～7.1)	90.1	5.0(4.7～5.9)	89.3
4	5.7(5.4～6.3)	76.0	4.6(4.3～5.0)	76.6	5.9(5.3～6.9)	83.1	4.6(4.3～5.4)	82.1
5—6	—	—	—	—	—	—	—	—
7	5.6(5.2～5.9)	74.0	4.4(4.1～4.8)	73.3	5.2(4.7～5.8)	73.2	4.1(3.8～4.8)	73.2
8	5.9(5.5～6.3)	78.7	4.7(4.4～5.1)	78.3	5.4(4.9～6.1)	76.1	4.3(4.0～5.0)	76.8
9	6.5(6.0～6.9)	86.0	5.2(4.7～5.6)	86.7	5.8(5.3～6.6)	81.7	4.6(4.3～5.4)	82.1
10	7.0(6.5～7.4)	93.3	5.6(5.1～6.1)	93.3	6.3(5.7～7.2)	88.7	5.0(4.7～5.8)	89.3
11	7.3(6.8～7.6)	97.3	5.8(5.3～8.3)	96.7	6.8(6.1～7.7)	95.8	5.4(4.9～6.2)	98.2
12	7.5(7.0～8.0)	100	6.0(5.5～6.5)	100	7.1(6.3～8.1)	100	5.6(5.2～6.5)	100

注：以上月份体重为100％；括号内数字为变动范围。

(6)后肢骨　包括髋骨、股骨、膑骨、小腿骨、跗骨、跖骨及趾骨。髋骨外侧面中后部有圆形的髋臼，由髋骨、耻骨、坐骨组成。股骨近端内侧有一半球状的股骨头，股骨体呈长圆柱状。膑骨和股骨远端的膑面成关节，轮廓呈长椭圆形。小腿骨包括胫骨及腓骨，其胫骨大，在内侧；腓骨小，在外侧。跗骨有 7 块，排列成 3 行，上行外侧为跟骨，内侧为距骨；中行有一块中央跗骨；下行由内向外依次为第 1、2、3、4 跗骨。后肢只有四趾，没有第 1 跖骨和第 1 趾骨。

二、消化系统

狐狸消化系统包括口腔、食管、胃、肠及消化腺、肝脏、胰脏。

(1)口腔　狐狸的嘴裂较大，口角向后伸到第 3 前臼齿。颊较短，黏膜平滑。恒齿 42 个，其中切齿 12 个，犬齿 4 个，前臼齿 16 个，臼齿 10 个。其齿式为$\frac{3 \cdot 1 \cdot 4 \cdot 2}{3 \cdot 1 \cdot 4 \cdot 3}=42$。舌呈宽而扁的形状，舌背有较浅的正中沟，分布密而柔软的丝状乳头。轮廓乳头在舌根的背侧面的两侧各有 2 个，舌系带较发达。

(2)食管　狐狸的食管起始部有一环状皱褶，位于气管的背侧，长度为 38～42 cm。

(3)胃　狐狸胃为单室胃，其容积较大，达 310～500 mL。进食后经 6 h 胃内容物全部排空。在左侧与食管相连的一端较宽阔，似圆形，叫贲门部；右侧与十二指肠相连的一端较窄，呈圆筒状，叫幽门部。胃黏膜上有胃腺，分泌胃液，其中主要有胃酸、胃蛋白酶，胃酸激活胃蛋白酶，使胃内呈酸性环境，使饲料中的蛋白质宜于消化。胃酸进入小肠内可促使胰液与胆汁分泌。胃蛋白酶把蛋白质分解为际和胨。

(4)肠　狐狸的肠管较短，银黑狐肠管为体长的 3.5 倍，约为 219 cm，北极狐肠管为体长的 4.3 倍，约为 235 cm。小肠分为十二指肠、空肠和回肠三部分。总长度银黑狐为 175.6 cm，北极狐为 193.2 cm，分别占肠管总长度的 80.2%、82.2%。空肠、回肠成盘曲状，由宽大的肠系膜连于腰下部，小肠的末段在腰下部沿盲肠的内侧向前移行，与结肠的起始端相接。小肠是消化道消化吸收的主要部位，所有的营养物、水、无机盐、维生素等均在小肠内被吸收。大肠分为盲肠、结肠和直肠。结肠与直肠全长 41.8～43.4 cm，盲肠前端开口于结肠的起始部，后部是一个尖形的盲端开口。大肠主要吸收水分，形成粪便排出体外。

(5)消化腺　在小肠内的消化液有胰液、胆汁。是由胆管、胰小管由肝脏、胰脏分泌而来，开口于十二指肠。胰液呈碱性，可中和进入小肠的胃酸，并为各种胰酶提供适应的碱性环境。胰液中含有多种消化酶。胰蛋白酶能将蛋白质分解为氨基酸，胰脂肪酶将脂肪分解为甘油和脂肪酸。分解糖类的胰酶能将糖分解为葡萄糖等单糖。胆汁能激活脂肪酶，乳化脂肪，促进脂肪的分解和吸收以及脂溶性维生素的吸收。此外还可刺激肠道蠕动并有抑菌的作用。小肠腺体分泌的小肠液也含有多种分解蛋白质、脂肪和糖类的消化酶，有助于物质的消化。大肠腺可分泌碱性大肠液，其作用是湿润粪便，保护黏膜。肛门两侧还有一对肛门腺，分泌三甲胺以及某些饱和羧酸等 12 种成分。

(6)肝脏和胰脏　肝脏分叶多而清楚，左叶分为左内叶及左外叶；右叶分为右内叶、右外叶；中间叶位于腹侧部分为方形叶，其上部左侧为乳头叶，右侧为尾状叶。胆囊位于右内叶和方形叶之间。肝脏重为体重的 1.9%～9.8%，重量变化大。胰脏呈窄而长的不规则带状。短而细的导管开口在距幽门 3.5 cm 及 10 cm 处十二指肠壁上。

三、泌尿生殖系统

狐狸泌尿器官由肾脏、输尿管、膀胱及尿道组成。公狐狸尿道不仅是尿液排出的通道，也是交配射精时精液排出的通道。所以，又称泌尿生殖道。母狐狸的尿道与生殖道是分开的，尿道开口于阴道前庭。

母狐狸生殖系统包括卵巢、输卵管、子宫、阴道和阴门。与生殖机能有密切关系的还有乳腺，狐狸有乳头 6 对。母狐狸卵巢位于第 3 和第 4 腰椎骨处，肾脏的后缘附近，长 2 cm，宽 1.5 cm。输卵管全部被脂肪组织覆盖，长 5～7 cm。子宫为双角子宫，子宫角长度为 12～15 cm，子宫体前部较薄，后部较厚，长度为 2～3 cm，一直延续到子宫颈。阴道较长达 6.5 cm，阴蒂十分发达。前庭有两个发达的球状体，交配时由于这两个球体胀大，前庭受到刺激而剧烈收缩，使阴茎在整个交配期间紧锁在阴道内。

公狐狸的生殖系统包括睾丸一对、附睾、输精管、前列腺、尿道和阴茎。睾丸位于阴囊内，公狐狸没有精囊，但前列腺十分发达，呈球形，位于尿道的起始部。阴茎长 10～15 cm，外形长而尖，有阴茎骨，长 6～8 cm。阴茎的后部有两条阴茎海绵体，它将阴茎骨包住，形成两细长膨大体，当交配时膨大，插入阴道很深，使阴茎能在阴道里停留到射精为止。

四、生理生化指标

成年狐狸的正常体温 39.3℃(38.8～39.6℃)，脉搏 60～110 次/min，呼吸频率 29 次/分(21～30 次/min)；幼龄狐狸的正常体温 39.5℃(39.2～39.8℃)，脉搏 60～110 次/min，呼吸频率 20～30 次/min。

1.血液有形成分

见表 1-3。

2.血液生化指标

见表 1-4。

3.血液常数

见表 1-5。

表 1-3 狐狸血液有形成分

指数	银黑狐		北极狐	
	1～3 月龄	4 月龄以上	1～3 月龄	4 月龄以上
红细胞(百万/mm^3)	7.8±1.2	9.3±1.0	7.2±1.0	8.2±0.8
血红蛋白(g/100 mL)	11.0±2.8	16±2.0	12.0±1.9	16.0±1.1
白细胞(千万/mm^3)	7.0±1.4	5.6±1.4	7.7±1.6	5.8±1.1
白细胞分类计数(%)				
嗜酸性(%)	0.6(0～4)	0.9(0～7)	0.5(0～4)	0.5(0～3)
嗜碱性(%)	2.3(0～5)	3.7(9～13)	1.8(0～10)	2.3(0～3)
嗜中性:幼稚型(%)	0.6(0～3)	0.2(0～1)	0.1(0～2)	0.07(0～1)
嗜中性:杆状型(%)	2.0(0～6)	2.4(0～8)	2.6(0～11)	2.9(0～8)
嗜中性:分叶核(%)	29(14～46)	32.6(16～68)	36.6(16～57)	44.1(23～70)
淋巴细胞(%)	64.3(46～81)	58.8(22～81)	52(23～79)	45.3(18～65)
单核细胞(%)	1.1(0～4)	1.3(0～5)	5.6(0～17)	4.8(0～15)
丘尔克氏细胞(%)	0.1(0～1)	0.1(0～1)	0.8(0～7)	0.03(0～2)
血细胞容积(%)		51.0±1.9	52.0±2.3	

表 1-4 狐狸血液生化指标(每 100 mL 中)

指数	银黑狐		北极狐	
	1～3 月龄	4 月龄以上	1～3 月龄	4 月龄以上
血清总蛋白(g)	5.8±0.8	6.5±0.5	5.6±1.6	6.8±1.3
白蛋白(%)	57±5.1	58±5.1	54±9	57±10.2
α-球蛋白(%)	16±2.0	13±3.0	18±5.7	14±7.2
β-球蛋白(%)	18±3.5	16±3.1	18±4.6	16±5.7
γ-球蛋白(%)	9±1.8	12±3.2	10±4.0	13±6.1
胆固醇(mg)	238±56	201±39	224±26	229±39
残余氮(mg)	41		41	
糖(mg/dL)	125±20		129±28	
钠(mg/dL)	60±39		301±38	
钾(mg/dL)	18±4.0		16±4.7	
钙(mg/dL)	10.1±1.8		12.2±1.9	
镁(mg/dL)	2.2±0.5		2.4±0.4	
血清碱储量 (mg/dL)	49		51	
醛缩酶等 (mg/dL)	13.0±3.8		10±3.9	

表 1-5　不同月龄狐狸的血液常数

血液成分	月龄							
	1	2	3	4	5	6	7～8	成年狐
血红蛋白	40～48	52～73	63～95	67～102	56～76	84～120	63～101	67～102
（%）	42～72	60～92	61～104	79～107	84～112	83～112	68～100	83～110
红细胞	4.84～7.72	6.64～8.61	6.50～9.78	6.26～10.8	6.4～10.4	7.4～11.8	5.8～12.8	5.3～11.9
（百万/mm^3）	3.96～6.74	5.08～9.41	6.54～9.77	6.32～9.98	5.3～10.1	6.9～9.8	7.1～11.7	7.3～8.6
白细胞	5.4～11.0	6.1～9.9	4.4～8.9	4.6～8.7	3.2～9.4	7.4～11.8	2.7～9.5	2.4～7.9
（千万/mm^3）	4.6～11.8	4.1～13.6	3.9～11.1	4.5～8.6	3.5～8.2	3.9～7.5	4.2～9.4	3.1～59.6
嗜碱性（%）	—	0	0～0.5	0	0	—	0～0.5	0～1.0
	—	—	—	0	0～0.5	0	0	0～0.5
嗜酸性（%）	—	0.5～8.1	0～6.0	0.5～8.0	0～8.5	—	2.0～8.3	0.5～14.0
	—	—	—	0～14.0	0～5.5	0.5～0.6	1.0～2.0	0.5～9.0
嗜中性（%） 幼稚型	—	0～3.5	0～2.5	0～3.0	0～2.0	—	0～1.5	0～1.5
		—	—	0	0～0.5	0～1.0	0～1.0	0～1.5
嗜中性（%） 杆状型	—	2.5～15.5	4.5～16.5	4.0～12.0	5.5～17.0	—	4.0～19.0	2.0～18.0
		—	—	1.5～21.0	8.0～14.5	1.0～12.0	13.0～17.0	4.0～24.5
嗜中性（%） 分叶核	—	11.0～41.5	17.5～50.0	16.5～47.0	24.0～50.5	—	19.5～44.5	22.5～51.0
		0	—	25.5～57.0	13.5～36.5	21.0～46.5	38～45	29.5～54

续表 1-5

血液成分	月龄						成年狐
	1	2	3	4	5	6	7～8	成年狐
淋巴细胞	—	37.5～72.0	32～60	32～71.5	25.6～64	—	26～49	22～63
（%）		—	—	24.5～62.5	43～63.5	38.5～74.0	36～44	20～57
单核细胞	—	1.0～7.0	0.5～6.5	1.0～8.0	0～5.5	—	0～6.5	0～7.0
（%）		—	—	0.5～8.0	2.0～5.5	3.0～5.5	6.5～6.0	1.0～3.0

注：上行：银黑狐；下行：北极狐；—：未测。

第二章　狐狸饲养场的建设

第一节　场址的选择

狐狸养殖场场址的选择直接关系到饲养场的效益与发展。因此在建场前，一定要认真考察，合理规划，根据生产规模及发展远景，全面考虑其布局。

一、地形地势

场址应选在地势较高、地面干燥、排水良好、背风向阳的地方。通常以南或东南山麓、能避开寒流侵袭和强风吹袭的平原、坡地及丘陵较为理想。低洼、沼泽地带，地面泥泞，湿度过大，排水不利的地方，洪水常年泛滥、云雾弥漫、环境污染严重及风沙侵袭严重的地区都不宜建场。有清洁充足的水源，以保证饮水和饲料加工用水。

饲养数量较少的专业户，场地设在房前屋后的，要离墙 5 m 以外，可接受光照，能保证狐狸正常生长发育和繁殖，夏季要阴凉防暑，冬季能背风保温防寒。

环境要安静，远离居民区、闹市区、厂矿、公路、铁路等地。环境喧闹往往影响狐配种、妊娠和产仔，甚至造成母狐狸弃仔。

自然条件适合狐狸生活、繁殖、毛皮成熟的北方地区，即我国三北地区。我国西南地区按垂直分布高海拔的地方亦可试养。养狐狸地区的地理纬度以不低于北纬 30°为宜。

建场尽量不占耕地，最好利用贫瘠土地或非耕地。用地面积应与狐群数量及今后发展需要相适应。土质以沙土、沙壤土为宜。

二、卫生防疫

饲养场要远离家属住宅区,最少要离 2～3 km。

不要建在养猪场及养禽场附近,防止畜禽的某些传染病感染狐狸或互相传播。就是不同品种的毛皮动物,也不要放在一处饲养,最好相隔 1～1.5 km,同时远离屠宰场、牲畜市场、畜牧产品加工厂,这样有助于防疫。

场址一般要选在居民点的下风处,地势低于居民点,但要离开居民点污水排放口,使养殖场不致成为周围社会的污染源,同时也不能受到周围环境的污染。

三、水源和饲料

水和饲料是饲狐的物质基础,所以选择的饲养场要在水源充足,水质好的地方,要用地下水,保证用水清洁。河水或池中贮水不能给狐狸饮用。

不管大场还是小场,保证动物性饲料来源是养狐狸场的基本条件。如养 100 只种狐狸(公 1∶母 3),年末总数可达 400～600 只(银黑狐、北极狐),全年需要动物性饲料 40 t、谷物 17 t、蔬菜 8 t。因此,养狐狸场应建在饲料充足,尤其是动物性饲料来源广而且易于获得的地方,如畜禽屠宰加工厂、肉联厂和渔业队附近或牧区,以保证饲料供应,没有饲料来源的地方不宜建场。

四、交通、电源

场址应具有便利的交通、电源条件,以保证调运饲料和各种物质器材。

第二节　养狐的设施与设备

一、笼、圈舍建筑的要求

1.夏季应凉爽，冬季防寒，日光不要直射

狐狸笼、圈舍要具备三保一防的条件，即保持干燥，保持凉爽，保证健康，防制疾病。因此，在设计时一定要考虑笼、圈舍的方向、排列、规格尺寸、门窗的位置、箱的形状等，既要达到便于饲养管理、操作及观察，又要夏季防晒，冬季防风、防寒。夏季笼舍内若通风不好，空气潮湿污浊，就会影响狐狸的健康和生长发育，并容易传播各种疫病。同时还要防止日光的直接照射。

2.便于饲养管理

为提高劳动生产率，减轻劳动强度，建笼、圈舍时也要注意便于饲养、管理、观察，便于清除粪便。

二、笼、圈舍的样式

狐狸场主要设施与设备包括狐狸棚、笼舍、产箱、围栏等。

1.狐狸棚

狐狸棚是为放狐狸笼箱而设计的，有遮风挡雨雪及防烈日暴晒的功能。结构比较简单，不需要建造四壁，北方高寒地区，在北侧设风障，只需有棚柱、棚梁和棚顶。建筑材料可选用砖瓦、竹苇或钢筋水泥等。修建时可根据当时情况，就地取材，因料设计，使狐狸棚既符合狐狸的生物学特性，又坚固耐用，操作方便。

狐狸棚的走向一般是从东南到西北，夏天可以躲开阳光直射，冬天又可获得长时间的光照，长度一般为 50～100 m，宽如果放两排狐狸笼可以设计成 4～5 m，如果四排笼舍，设计为 8～10 m，背高 2.2～2.8 m，檐高为 1.3～2 m 为宜。

2.笼舍

笼舍是狐狸活动、采食、排便和繁殖的场所，多用铁丝编制。只要符合卫生条件，不易跑出，防止外伤，饲养管理操作方便的任何笼舍均可采用。

狐狸笼可用14～16号铁丝或笼底用12号铁丝织成，四周用14号镀锌电焊网，或利用工业的边角废料等编织合成。网眼规格为3 cm×3 cm，盖及四周网眼为3.0 cm×3.5 cm。

皮用狐狸的大小不一致，但狐狸笼长不应小于70 cm，宽不应小于70 cm，高80～90 cm，活动面积0.5～0.6 m^2 即可。

种狐狸笼舍规格长×宽×高为(100～150) cm×(70～80) cm×(60～70) cm的网片制成，将其安装在牢固的支架上(支柱用铁筋、木框、三角铁或用砖砌成的底座均可)，笼底距地面40～60 cm。在笼正面一侧设门，规格为宽40～45 cm，高60～70 cm。笼舍内设有卧床，水盒挂在笼舍前侧。

二连式狐狸笼舍的规格长300 cm，宽90 cm，前高140 cm，后高130 cm，上盖石棉瓦，铺油毡纸等，小室装在左右两端。

如果2个以上的笼舍连接在一起(连接式笼舍)，中间用双层网片或铁皮做隔壁。

3.小室

小室可作为皮用狐狸的休息地方，有利于提高毛皮质量。材料最好选用木质板材，这样保温效果好，长60～70 cm，宽不小于50 cm，高45～50 cm。如果作为产箱，规格应大些，长×宽×高为100 cm×65 cm×60 cm。有活动的盖。小室靠近过道侧一边，要留20 cm×20 cm的小门。以便于清扫和消毒。小室不能用铁板或水泥板制作。在高寒地区小室内最好设有前廊，小室用厚2.5 cm的木板制成，外刷油漆，并注意防风保温。

国内大型专业养狐狸场多采用木制小室(图2-1)，占地面积少，单位面积载狐狸量多，且方便管理；山东、河北地区多采用砖砌的窝室，有的是离开地面，有的是半地下式（图 2-2、图 2-3）。砖砌的窝室造价低，隔音好，但不宜修得过大，以免占地太多。

4. 围栏

在饲养区四周设 1. 6～2 m 高的围栏，材料可选用木板、石头、砖、瓦等，防止逃跑。

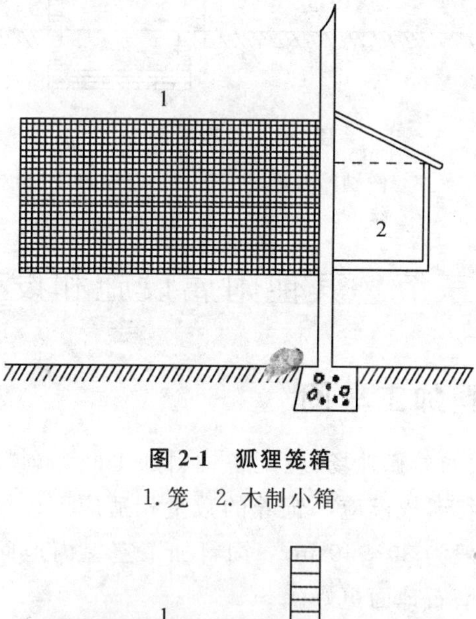

图 2-1　狐狸笼箱

1. 笼　2. 木制小箱

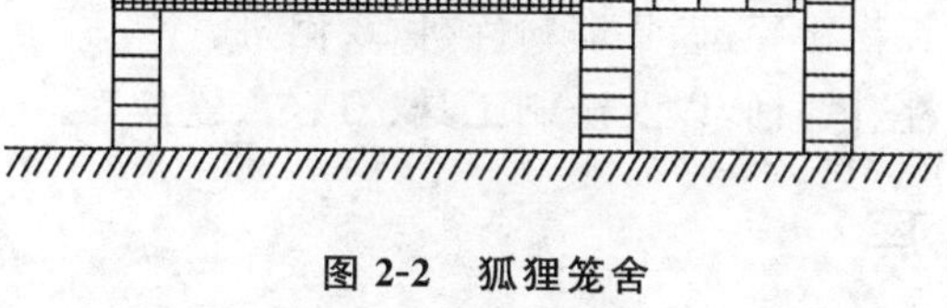

图 2-2　狐狸笼舍

1. 笼　2. 砖砌窝室

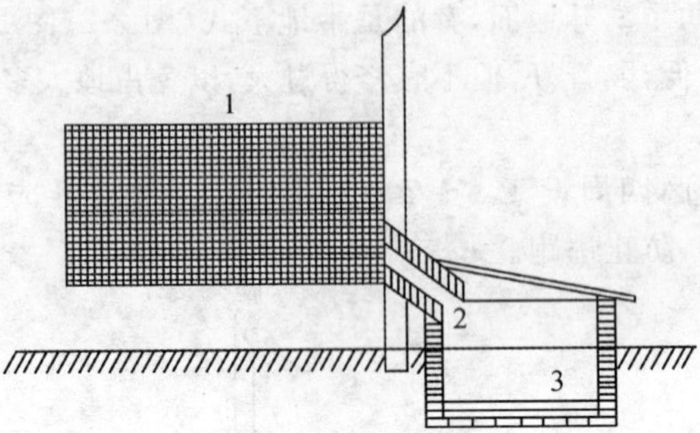

图 2-3　狐狸笼舍

1.笼　2.砖砌的通道　3.半地下窝室的木底板

第三节　其他附属设施和设备

一、饲料加工车间

规模较大的养狐狸场，应配备饲料加工间。饲料加工室应设在狐狸舍的附近，规模应与饲养的数量相适应。以饲养 300 只种狐狸计算，一般为 30～40 m^2。饲料加工室室内地面和墙围应用水泥抹光，水磨石地面更好。

设备设施包括：

洗涤　水池、水槽、缸、盆等。

熟制　烤炉、蒸煮炉、笼屉、锅灶等。

粉碎　谷物粉碎机、骨骼粉碎机、绞肉机。

分料　秤、锹、桶，以及洗刷工具、刀、勺、瓷盘等。

二、冷库

冷库是大型狐狸场不可缺少的建筑设备，主要用于鲜湿动物性饲料的冷储。大中型狐狸饲养场一般要求修建冷库，根据饲养只数决定库藏量的规模，如 30 t、50 t、100 t。小型饲养场或专业户可使用活动冷库或贮存量较大的冰箱。也可土法上马，利用冰窖或简易冷藏室来贮存。饲料、冷藏间温度应控制在－15℃以下，湿度 80%以上。这样才能确保饲料在一定时期内不变质。

三、饲料库

饲料库是用来贮藏谷物性饲料、饼粕、干粉饲料的，大小依饲养场规模而定，要求通风好，干燥，防止谷物饲料霉变。

四、菜窖

菜窖用来冬季贮藏蔬菜，如白菜、马铃薯、萝卜、胡萝卜等都可以用菜窖贮存，防止养分流失。

五、毛皮加工室

毛皮加工室包括屠宰、剥皮、刮油、洗皮、烘干和毛皮贮藏室，一般包括处死室兼剥皮室和风干室。以饲养 300 只种狐狸计算，处死室兼剥皮室房舍面积 30～40 m^2，风干室需房舍 30～40 m^2。

六、兽医室

负责全场的卫生防疫和疾病的诊断治疗工作。应具备完整的设施和设备。主要有消毒室，负责对外来人接待和消毒工作，备有消毒器械和药品。医疗室和尸体处置室，要备有各种医疗药品和器械，医疗器械主要有显微镜、冰箱、高压消毒器、对流免疫电泳仪、离心机。无菌操作室，需房舍 20 m^2，并在附近建一个焚尸炉或生物热坑。

七、分析化验室

主要负责动物性饲料的营养分析，毒性分析等，还有部分疾病的检验工作。化验室应具有配套的化学分析仪器和器械。化验室主要是用于研究、解决生产中各项科学理论和生产实践方面的技术疑难问题。

八、一般设备

每个笼、圈舍都有饮水器，喂饲用具，捕捉狐狸的工具，清扫工具，维修用具等。

第三章 狐狸的选育

第一节 狐狸的选种

一、选种的意义和作用

从动物群中选择出优良的个体作为种用叫选种。选种可以使品质较差个体的繁殖后代受到限制，而使优秀个体得到更多的繁殖机会，产生更多优良后代，结果使群体的遗传结构发生定向变化，即有利基因的频率增加，不利基因的频率减少，最终使有利基因纯合个体的比例逐代增加。任何动物的育种都需选种，没有选种，也就没有动物品种改良。世界上所有动物良种，无一不是人类长期选择和培育的结果，当然狐狸也不例外。

二、狐狸的选种指标

对狐狸进行选种时，应注意以下五方面指标。

1.体重、体长标准

幼狐狸出生早(银黑狐在 4 月 20 日前出生，北极狐在 5 月 20 日前出生)，生长发育快，体型大的个体留作种用。

体重要求　4 月龄幼狐狸 4.0～4.5 kg，2 月份成年公狐狸 5.0 kg，成年母狐狸 4.5 kg 以上。

体长要求　4 月龄幼狐狸 55 cm 以上，成年公狐狸 63 cm 以上，成年母狐狸 60 cm 以上。将狐狸体型鉴定和分级列于表 3-1，供参考。

表 3-1 狐狸体型鉴定和分级 cm

品种		第一级	第二级	第三级
银黑狐	公	超过 66	65～66	65 以下
	母	超过 63	62～63	62 以下
北极狐	公	超过 63	60～63	60 以下
	母	超过 60	57～60	57 以下

2. 年龄标准

种狐狸年龄不超过 6 年。凡年龄大、繁殖力下降、患慢性疾病、营养不良及有恶癖者均要淘汰。

3. 被毛毛皮标准

北极狐的毛绒品质标准：体躯和尾部针绒毛全为浅蓝色，无杂毛，没有褐斑，富有弹性，尾呈圆柱形，针、绒毛全为浅蓝色，无杂毛，银色强度大，针毛稠密而有光泽。

银黑狐的毛绒品质标准：体躯和尾部具有乌黑色毛，银毛占 70%，银环呈“雾”状，其宽度不超过 10～15 mm 为宜，背脊是黑带，绒毛稠密，呈深灰色，针毛将绒毛全覆盖住，尾端有 8 cm 以上的纯白色毛。

现将银黑狐和北极狐毛绒品质鉴定表列于表 3-2、表 3-3，供选种参考。

4. 遗传标准

幼狐狸具有清楚、完整谱系，双亲具有优良的遗传性状，遗传性稳定。

成年狐狸具有优良的遗传性状，遗传力高，遗传性稳定，经后裔鉴定其子代的生产性能和遗传性状优良。

5. 繁殖标准

公狐狸具有较强的配种能力。择偶性不强，性情温顺，无恶癖。睾丸发育良好，两侧对称，交配早，配种力强。性欲旺盛，在整个配种期交配次数达 15 次以上。精子密度高，活力强，交配成功率高。

表 3-2　银黑狐毛绒品质鉴定表

指标	第一级	第二级	第三级
毛绒品质感官评价	超等	较好	较差
躯干和尾部的毛色	黑色	阴暗	较差
银毛率	大	中	小
银毛颜色	白而明亮	亮度稍差	微黄缺乏光泽
银色强度	适中	大或略小	小
银毛圆环大小	宽度适中，12～16 mm	略小，8～12 mm	大，超过 16 mm
雾状	正常	重或略轻	轻
尾的毛色	黑色	黑褐色	暗褐色
尾的白色末端	大，8 cm 以上	中等，4～8 cm	小，4 cm 以内
尾末端颜色	纯白色	白色	杂色(杂有黑)
尾端形状	为宽柱形	中等圆柱形或粗圆	窄圆锥形、窄圆柱形
躯干短毛绒	石板色或浅蓝色	深灰色	灰色或微褐色
背上的带	良好	微弱	没有

表 3-3　北极狐毛绒品质鉴定表

指标	第一级	第二级	第三级
毛绒品质感官评价	好	较好	一般
躯干和尾毛绒颜色	浅蓝色或淡浅蓝	蓝色或浅蓝及带褐色	褐色，带褐色或白色
被毛光泽	强	中等	微弱
尾部毛绒颜色	与躯干毛色一致，没有褐斑	带褐色	褐色，带褐色或浅色
针毛长度	适中	很长	短
针毛密度	稠密	一般	稀少
毛的弹性	有弹性	柔软	粗糙
短绒的缠结	没有	不大	不大，但全身都有

母狐狸产仔率高，银黑狐胎产仔 4 只以上，蓝狐胎产仔 7 只以上。食欲好，母性强，泌乳力高，性行为好，产仔顺利，仔狐狸死亡率低，无任何恶癖。

三、银黑狐的被毛品质指标

1. 银毛率

依狐狸身上银毛所占的面积而定，如银色毛的分布由尾根至耳根为 100%，由尾根至肩胛部为 75%，尾根至耳之间的一半为 50%，尾根至耳间的 1/4 为 25%。

2. 银色强度

银色强度是按照银色毛分布的多少和银毛上端白色部分（银环）的宽窄来衡量的，可分为大、中、小三类。银环越宽，银色毛越明显，银色强度越大。

3. 银环颜色

可分为纯白色、白垩色、微黄或浅黄色三种类型。

4. 银环宽度

可分为宽（10～15 mm）、中（6～10 mm）和窄（6 mm 以下）三类。

5. "雾"

针毛的黑色毛尖露在银环之上，使银黑狐的被毛形成"雾"状，如果黑色毛尖很小，称"轻雾"；银环窄，并且位置很低，称"重雾"。

6. 黑带

在背脊上，针毛的黑色毛尖和黑色定形毛形成黑带。有时这种黑带不明显，但用手从侧面往背脊轻微滑动，就可看清。

7. 尾的特征

可分为圆柱形和圆锥形。尾端的白色部分可分为大、中、小三种，其颜色为纯白、微黄和掺有黑色三类。

四、育成狐狸的选择

一般应通过初选、复选和精选三个阶段，才确定留为种用。

1.初选

初选工作从断乳开始，断乳时主要根据系谱、双亲的性状、生产性能以及出生日期、发育情况，对幼狐狸进行一次初选。对尚未繁殖的幼狐狸来说，系谱鉴定对选种尤为重要。系谱鉴定是根据祖先的品质、生产性能来鉴定后代的种用价值，系谱鉴定首先要了解种狐狸个体间的血缘关系，将三代祖先范围内有血缘关系个体归在同一亲属群内。然后，进一步分析每个个体的主要特征，在群中逐个编号登记，注明几项主要指标（如毛色、毛绒品质，体型、繁殖力等），进行审查和比较，查出优良个体，并在后代中留种。初选留种数需比计划留种数多40%左右，而且应分开饲养，重点培育。

2.复选

复选在狐狸4～4.5月龄时（银黑狐在8月中旬，北极狐在9月中旬）进行。主要根据其生长发育情况来选择。4月龄时的体重要求达到4～4.5 kg、体长60 cm以上。复选时种狐狸数量比年末留种计划多留25%～30%，为精选做好准备。

3.精选

精选在11—12月份取皮之前进行，根据被毛品质和半年来的实际观察记录进行严格选种。具体要求是银黑狐无论在躯干部或尾部都应有鲜艳的乌鸦色黑毛，银毛率达70%以上，银色强度大，但银环宽度不超过10～15 mm，在背脊上有黑带；绒毛呈深灰色，稠密，针毛完全覆盖绒毛；尾为宽的圆柱形，尾端纯白（长8 cm以上）。

北极狐的要求是，蓝色北极狐要求全身浅蓝色，被毛无褐色或白色斑纹；白色北极狐要求被毛洁白，不带任何杂色，底绒灰色，针毛稠密而有光泽（如丝状），绒毛不缠结。

五、成年狐狸的选择

对被毛品质的要求与育成狐狸相同。选择银黑狐胎产仔 4 只以上，北极狐 7 只以上者。对营养良好、体质健壮、春秋季换毛早、所配母狐狸妊娠率高、产仔率高的种公狐狸继续留作种用。成年种母狐狸具有泌乳能力好、护仔能力强、无吃仔恶癖、仔狐狸成活率高继续留作种用。营养不良、经常患病、食欲不振、有食毛症、自咬症、惊恐症、换毛推迟的种母狐狸不宜留种。12 月份公银黑狐的体重 6 kg 以上、体长 65 cm 以上；母狐狸体重 4.5 kg 以上、体长 60 cm 以上者留种用。体型小或畸形者应淘汰。银黑狐 6 岁以上，北极狐 5 岁以上者也要淘汰。

对成年种狐狸的选择，可以采用后裔测定的方法，即根据后裔的生产性能考察各种狐狸的品质、遗传性能、种用价值。考察后裔，要进行生产性能比较，方法有三种：后裔与亲代比较、不同后裔个体之间比较、后裔与全群平均生产性能指标比较。

第二节　狐狸的选配

选配是有意识、有计划地决定交配组合。其目的在于避开近亲交配，并为培育新品种创造条件。如交配双亲亲缘关系较远，遗传基础差别大，产生的后代与双亲性状不同，从而发生变异，这有可能创造出新的类型；但遗传基础相近的公、母狐狸交配，可继续稳定其遗传性。公、母狐狸的选配比例为公：母＝1∶3.5，其最大比例不宜超过 1∶5。

一、狐狸的选配原则

1. 绒毛品质选配

公狐狸绒毛品质，特别是毛色一定要优于母狐狸或接近于母狐狸才能选配。绒毛品质差的公狐狸不能与绒毛品质好的母狐狸交配。

2.体型选配

大型公狐狸与大型母狐狸或中型母狐狸交配。大型公狐狸与小型母狐狸或小型公狐狸与大型母狐狸不宜交配。

3.繁殖力选配

公狐狸的繁殖力,以公狐狸配种能力和所配母狐狸的产仔多少来判定,要选繁殖力强的公、母狐狸配种。

4.血缘选配

三代以内无血缘关系的公、母狐狸选配为好。以生产为目的,应尽量避免近亲选配;以育种为目的,为了巩固有益性状和遗传力,可以有目的地进行近亲交配。

5.年龄选配

一般成年的配成年的,或成年的配幼年,不宜幼年的公、母狐狸之间交配。

6.性状缺陷

在任何情况下,不能采用同一性状有相反缺陷的公、母狐狸交配。

7.毛色

选配中,应考虑毛色遗传。

二、狐狸的选配方式

狐狸的选配方式有两种,即同质选配和异质选配。

1.同质选配

是选择具有相同优良性状的公、母狐狸进行交配,以期在后代中巩固或提高双亲所具有的这种优良性状。这是培育遗传性能稳定,具有种用或育种价值的种狐狸所必须采用的选配方式,多用于纯种繁殖和核心群的选配。但由于表型性状与基因型不一致问题,因此,最终还要检验选配的效果。

2.异质选配

即选择具有不同优良性状的公、母狐狸交配,以求在后代中获得同时具有双亲不同优良特性的个体。或选择同一性状有所差异的公、母狐狸进行交配,以期后代有所提高,这是改良狐狸群品质、提高生产性能和综合有益性状的有效选配方式。

三、狐狸的育种方法

1.本品种选育

一般指在本品种内部,通过选种选配和品系繁育手段,改善本品种结构,以提高该品种性能的一种方法。

2.杂交育种

杂交育种是指 2 个或 2 个以上品种的公、母狐狸的交配,以丰富和扩大群体的遗传基础,然后加以定向选择和培育,经过若干代选育后,就可达到预定目标,形成新品种。

简单的杂交育种:是通过 2 个品种杂交,来培育新品种的方法。由于用的品种少,遗传基础相对比较少,因而获得理想类型和稳定其遗传性比较容易。所以,需用的时间较短,但在培育前需要设计杂交培育方案,选用的品种其遗传基础要清楚,杂交方式、培育条件及整个工作内容都要有一个完整的设计方案,这样才能有助于目标的完成。

复杂杂交育种:是多品种杂交培育新品种的方式。由于遗传基础较多,杂交变异范围较大,需要的培育时间也长。以哪个品种为主,使用另外哪几个品种及先后顺序,都要经过估计或试验确定。因为,后使用的品种对杂交后代作用较大。

第三节　彩狐选育

人们把银黑狐、赤狐的毛色变种狐，以及由银黑狐、赤狐和毛色变种狐之间交配产生的新的色型狐狸统称为彩狐。

彩狐的培育是从 1937 年挪威培育的银黑狐毛色淡化变异种——白金狐开始的。60 多年来，彩狐培育发展很快，至今世界上已饲养狐属和北极狐属的各种彩狐 30 余种。狐狸的毛色变异在自然条件下进展缓慢。现在彩狐生产多由杂交组合而成。

彩狐生产主要根据毛色遗传规律和市场对狐皮颜色需求而定，其次还要考虑到毛色与狐狸生产性能的遗传相关。近几年培育出来的优质彩狐皮有：蓝宝石色、淡琥珀色、红玫瑰色、灰棕色、月光色等。一般彩狐生产场都需要保留几种色型，以适应市场的变化而及时改变商品狐狸的生产方向。彩狐生产中需要注意的另一个问题就是有些彩狐相对野生型是显性，有些则是隐性，还有一些是杂合体，各种彩狐之间也存在一些比较复杂的遗传现象，如致死基因、基因的不完全显性现象、复等位基因以及基因的相互作用等，有些问题已经搞清楚，有些正在进行研究。

一、狐属的毛色遗传

狐狸的毛色遗传是由毛色基因决定，狐属的基因符号有美国系统（表 3-4）和北欧斯堪的纳维亚系统（表 3-5）。两个系统在基因符号写法上有所不同，而且对彩狐的毛色遗传问题有不同的看法，如美国系统认为北极大理石白狐、北极大理石狐的毛色遗传由铂色狐的复等位基因控制，而斯堪的纳维亚系统则认为这两种狐狸分别由不同位点的基因控制。所以，基因符号的写法上也显然不同。

下面介绍几种主要狐属的彩狐毛色遗传特点。

表 3-4 美国狐狸基因系统

狐色型名称	基因符号							
赤狐	*AA*	*BB*	*WW*	*PEPE*	*PMPM*	*BrFBrF*	*BrCBrC*	*gg*
阿拉斯加银黑狐	*aa*							
银黑狐		*bb*						
白金狐		*bb*	*Wpw*					
白脸狐		*bb*	*Ww*					
(东部)珍珠狐		*bb*		*pEpE*				
Mansfield 珍珠狐		*bb*			*pMpM*			
巧克力狐		*bb*				*brFbrF*		
Colicott 棕色狐		*bb*					*brcbrc*	
北极大理石狐		*bb*	*Wmw*					
北极大理石白狐		*bb*	*WmWm*					
蓝宝石狐		*bb*		*pEpE*	*pMpM*			
金黄狐		*Bb*						*Gg*

注:表中基因符号中空白处,同于赤狐基因符号。

1. 银黑狐(*AAbb*)和阿拉斯加银黑狐(*aaBB*)

在长期养狐狸实践中,发现北美洲东部银黑狐和北美阿拉斯加一带的银黑狐分别自群繁育时,后代都是银黑狐。而当两地银黑狐交配时,其后代不是银黑狐,而是带黄色毛的一种新色型狐狸,这种狐狸肩胛部的深色毛形成一个交叉十字,颈部、腹部和颊部两侧的针毛带有黄色,被称为银十字狐或称为红黑棕狐,也有称十字狐。这就说明东西部银黑狐虽然毛色表现型一致,但它们决定毛色遗传的基因不同,都是赤狐的变种。1937 年,美国农业年鉴报道了赤狐与银黑狐、阿拉斯加银黑狐以及它们杂交个体间进行交配后代分离结果,并规定用 *AABB* 表示赤狐基因型,用 *aaBB* 和 *AAbb* 分别表示阿拉斯加银黑狐和东部银黑狐的基因型。

(1)赤狐与阿拉斯加银黑狐交配

阿拉斯加十字狐针毛表现为金黄色,商品名称为金黄十字狐。

P_1　　$AABB \times aaBB$

↓

F_1　　$AaBB$(阿拉斯加十字狐)

表 3-5　斯堪的纳维亚狐基因系统

狐色型名称	基因符号								
赤狐	AA	BB	CC	GG	EE	PP	SS	WW	MM
阿拉斯加银黑狐	aa								
银黑狐		bb							
白化狐			cc						
巧克力狐		bb		gg					
Colkott 棕色狐		bb			ee				
珍珠Ⅰ狐		bb				pp			
珍珠Ⅱ狐		bb					ss		
白脸赤狐								Ww	
日光狐									Mm
日光白狐									MM
白脸狐		bb						Ww	
白金狐		bb						W^Pw	
乔治白狐		bb						W^Gw	
北极大理石狐		bb							Mm
北极大理石白狐		bb							MM
蓝棕狐		bb			ee	pp			
金晖狐		bb		gg		pp			
蓝宝石狐		bb				pp	ss		

(2)赤狐与东部银黑狐交配

P_1 $AABB \times AAbb$

↓

F_1　　$AABb$(标准十字狐)

标准十字狐毛色近于赤狐,毛皮商品名称为金色狐。

当阿拉斯加银黑狐($aaBB$)和银黑狐交配的 F_1 代银十字狐($AaBb$)与阿拉斯加十字狐和标准十字狐交配时,F_2 代出现多种毛色的分离现象。其中赤狐、标准十字狐、阿拉斯加十字狐、银十字狐、银黑狐(东部银黑狐、阿拉斯加银黑狐和其他银黑狐)的比例为(1/16):(1/8):(1/8):(1/4):(7/16)。

2. 白金狐(*bbWPw*)、白脸狐(*bbWw*)和乔治白狐(*bbWGw*)

白金狐,是银黑狐的显性变种,至今已有50年的历史。白金狐被毛黑色素明显减少,而呈现蓝色,颈部有白色的颈环,从鼻尖到额有一条明显的特征白带,尾尖为白色,此狐"淡化"后近于白色。研究证明:白金狐为杂合子(WPw),当自交时,产仔数下降,是 WP 基因纯合体导致胚胎早期死亡的结果。

白脸狐,又称白斑狐,是银黑狐的白色显性突变种。外貌特征有白色颈环、白嘴巴,有类似白金狐从嘴部到颈环的白带,四肢带有白斑,尾尖为白色。白脸狐的显性基因(W)纯合个体也有胚胎死亡现象。

乔治白狐,是前苏联培育出的一种白狐狸,是银黑狐的显性变种。据报道,乔治白狐的纯合个体,不存在致死现象。但是美国和斯堪的纳维亚资料所介绍的乔治白狐是杂合子,而没有纯合个体。

3. 珍珠狐(*pEpE*, *pMpM*)

珍珠狐是银黑狐的蓝色隐性变种,最早在美国获得。毛色较淡而呈蓝色,除尾尖是白色外,没有像白金狐那样的白斑。珍珠狐种类较多,有东部珍珠狐、西部珍珠狐、Park 珍珠狐、Cherry 珍珠狐和 Mansfield 珍珠狐。有关前四种狐的资料少,其遗传性质有待进一步研究。Mansfield 珍珠狐毛色为蓝灰色,且略带棕色,其毛色经过选种,可以使它和前几种珍珠狐的毛色趋于一致,但通过血液试验可以明显区别开来。Mansfield 珍珠狐与其他几种珍珠狐表型性状相同,而基因型不同。

4. 白化狐(*AABBcc*)

白化狐是赤狐的隐性突变，出现在1938年，被毛为白色，眼睛、鼻尖等裸露的黏膜由于没有色素沉积而呈现淡红色。

5. 棕色型

棕色狐现有两种类型，一种是巧克力狐($bbbrFbrF$)，另一种称为Colicott棕色狐($bbbrCbrC$)。两种色型都是银黑狐的毛色变种狐。巧克力狐被毛为深棕色，棕黄色眼睛。Colicott棕色狐被毛为棕蓝色，眼睛为蓝色。两种棕色狐分别由不同基因控制。

二、几种狐狸交配后后代毛色分离情况

杂交狐的毛色一般都有分离现象，毛色色型决定于杂交种的基因型和基因的相互作用，这也是彩色狐的育种基础。几种狐狸交配后后代毛色分离情况见表3-6。

三、北极狐的毛色遗传

北极狐变种的彩色狐目前有10余种类型，其基因型如表3-7所示。

彩色北极狐毛色分离情况见表3-8。

四、狐属与北极狐属之间的杂交

狐属与北极狐属之间的杂交，在狐皮生产销售中越来越引起人们的重视。主要是其杂交后代的绒毛品质均好于双亲，它克服了银黑狐针毛长而粗及北极狐针毛短而细，绒毛易缠结等缺陷。杂种狐毛皮绒毛丰厚，针毛平齐，色泽艳丽，具有更高的商品价值。需要注意几点是：

(1)杂种狐狸生产一般不采取本交方式，因为狐属与北极狐属发情时间不同步。因此，目前都采用人工授精方式。

(2)一般采用赤狐、银黑狐或赤狐类的彩狐做父本，利用其高质量皮质，北极狐或北极狐类的彩狐做母本，利用北极狐类高繁殖

特性。倘若反交,产仔数低。

表 3-6 几种狐狸交配后后代毛色分离情况

白金狐	× 白金狐	67%白金狐;33%银黑狐
	× 北极大理石狐	25%大理石白金狐;25%白金狐; 25%北极大理石狐;25%银黑狐
	× 赤狐	50%金晖狐;50%标准十字狐
	× 银黑狐	50%白金狐;50%银黑狐
巧克力狐	× 琥珀狐	100%巧克力狐
	× 巧克力狐	100%巧克力狐
	× 北极大理石狐	50%北极大理石狐;50%银黑狐
	× 白金狐	50%白金狐;50%银黑狐
	× 珍珠狐	100%银黑狐
白脸狐	× 珍珠狐	50%白脸狐;50%银黑狐
	× 白脸狐	67%白脸狐;33%银黑狐
	× 北极大理石狐	25%北极大理石白脸狐; 25%北极大理石狐 25%白脸狐;25%银黑狐
珍珠狐 (东部)	×银黑狐	100%银黑狐
	×琥珀狐	100%珍珠狐
	×蓝棕狐	100%珍珠狐
	×冰河蓝狐	50%冰河蓝狐;50%珍珠狐
	×白金狐	50%白金狐;50%银黑狐
	×珍珠狐	100%珍珠狐
	×北极大理石狐	50%北极大理石狐;50%银黑狐
	×Colicott 棕色狐	100%银黑狐
日光狐	× 日光狐	50%日光狐;25%赤狐;25%日光白狐
	× 赤狐	50%日光狐;50%赤狐
	× 白金狐	25%白金日光狐;25%日光十字狐; 25%金晖狐;25%标准十字狐
	× 日光白狐	50%日光白狐;50%日光狐

表 3-7　北极狐的基因型

狐色型名称	基因符号					
北极狐(蓝色)	*CC*	*DD*	*EE*	*FF*	*GG*	*LL*	*ss*
白化狐	*cc*						
白色北极狐		*dd*					
北极珍珠狐			*ee*				
蓝宝石狐				*ff*			
北极蓝狐					*gg*		
Bothnia 珍珠狐						*LL*	
影狐							*Ss*
蓝星狐							*SLs*
Hougen 白金狐							*SHs*

注:本表为丹麦基因分类系统,基因符号空格处同于北极狐基因符号。

表 3-8　彩色北极狐毛色分离

蓝色北极狐	×影狐	50%影狐;50%蓝色北极狐
	×白色北极狐	100%蓝色北极狐
	×蓝宝石狐	100%蓝色北极狐
	×蓝色北极狐	100%蓝色北极狐
白色北极狐	×白色北极狐	100%白色北极狐
	×影狐	50%影狐;50%蓝色北极狐
	×蓝宝石狐	100%蓝色北极狐
	×北极白蓝宝石狐	100%白色北极狐
	×影狐蓝宝石狐	50%蓝色北极狐;50%影白狐
蓝宝石狐	×影狐蓝宝石狐	50%蓝宝石狐;50%影狐蓝宝石狐
	×影狐	50%影狐;50%蓝色北极狐
影狐	×影狐	67%影狐;33%蓝色北极狐

(3)杂种狐因是种属间杂交,因此,无繁殖能力,只能获取商品皮。

国外蓝狐(♀)、银狐(♂)杂交已获成功,最佳杂交成绩是挪威 OPDAL 养狐场的受胎率为 74.6%～85.7%,胎平均产仔数为

7.8～8.9只。国内也有一些杂交试验报告，陈常亮等 2001 年报道，蓝狐（♀）、银狐（♂）采用人工授精方式进行杂交试验，受精率 83.33%，受胎率 50%，胎平均产仔数 8.67 只，仔狐出生重和体长及不同月份指标都优于纯种仔狐，且毛皮质量远远高于银狐和蓝狐。

表 3-9 介绍了狐属和北极狐属一些杂交分离规律。

表 3-9　杂交狐毛色分离

赤狐	× 蓝色北极狐	100%杂种蓝狐
	× 影狐	50%影狐;50%杂种蓝狐
	× 白色北极狐	100%金岛狐
金色狐	× 蓝色北极狐	50%杂种蓝狐;50%蓝银狐
	× 影狐	25%影狐;25%银影狐; 25%杂种蓝狐;25%蓝银狐
银狐	× 蓝色北极狐	25%杂种蓝狐;75%银狐
	× 白色北极狐	100%金岛狐
白金 （银狐变种）	× 蓝色北极狐	50%白金蓝银狐;50%蓝银狐
	× 影狐	25%影白金狐;25%白金蓝银狐;25%影银狐
	× 白色北极狐	25%蓝银狐
		50%白金北极狐;50%金岛狐或北方白狐
金十字狐	× 白色北极狐	50%金岛狐;50%北方白狐
银黑狐	× 影狐	50%银影狐;50%银蓝狐
阿拉斯加银狐	× 白色北极狐	100%北方白狐

五、彩狐的育种

狐的主要产品是狐皮，这种产品的优劣主要决定于毛绒品质及色泽。毛绒品质包括毛的密度、长度、毛的粗细、弹性以及毛色深浅等。

1.毛绒质量的育种

前已述及，毛绒质量包括毛的密度、长度、毛的直径等是一个综合性状。也可以说是一个复合性状,是由多个简单组合而成。这种复合性状的遗传也具有综合的特点,是由各单性状的遗传综合而成。毛绒质量这一复合性状可以分解为几个性状。

(1)毛的密度　这一性状以每一单位面积上毛的数量来表示。这个数量又可分为单位面积上针毛数和绒毛数。影响毛绒质量的不仅是两种毛的密度的绝对值,还有两种密度之间的比例。毛绒密度的遗传力较高,一般达到 0.3～0.4。针毛密度的遗传力是 0.3～0.44;绒毛密度的遗传力是 0.4～0.6。这种性状的基因主要以加性效应为主,毛绒密度高的亲本,后代也具有较高的毛绒密度,而毛绒密度低的亲本,后代会保持低的密度,杂交后代的绒密度将得到中间型的密度,在密度上不表现杂种优势。因此,在育种工作中,选择是有效的手段,可以有效的增加或减少毛的密度。毛皮的优良品质并不一定是密度越高越好,而是应当有适当的密度,才可表现出裘皮的良好质量。育种需要保持这样的适宜密度,多数情况下是需要提高密度,也有时需要降低密度,但通过选择和交配都可以达到目的。如果已有了良好毛皮密度的种兽可以采用品系育种的方法,并进行严格的选择,如果需要引进外来的种兽时,应当选择相同或相近密度的种兽,以保持适当的密度。

(2)毛的长度　优质毛皮要求毛有适当的长度。这个长度随毛皮动物的种类不同而不同,狐皮的针毛长度要求在 70 mm 左右。毛的长度也有较高的遗传力,赤狐针毛的遗传力为 0.39;北极狐针毛的遗传力为 0.35～0.51。选择对于改变毛的长度是有效的,其方法可参考毛密度的育种方法。毛长度育种的控制因素除了绝对长度外,还有一个相对的因素,是针毛和绒毛长度之比。裘皮要获得优美的外观,针毛干绒毛必须有适当的长度比,一般的比例为 3∶2。针毛和绒毛长度的变异并不完全是同步的,需要通过选择加以控制。

(3)毛的直径　毛的直径也就是毛的粗细,其决定毛的弹性。

一般毛过于细，受压后不易恢复原来的状态，如果毛直径过粗，外观显得粗糙。因此，优质毛皮的毛需要有一定的直径和弹性。目前，对毛皮动物毛直径的遗传力尚未开展研究，从绵羊羊毛直径的遗传力(0.3～0.4)来看，毛直径的遗传力是较高的。可以通过选择来进行育种。

上述三个方面是决定毛皮质量的主要因素，但三者并不是独立的，这几个因素的共同作用构成了一种毛皮的质量标准，加之三者有相同的遗传力，因此，毛皮质量在育种和选择中常作为一个性状加以评定。

2.毛色深浅的育种

毛色深浅这一性状同样是决定毛皮价值的一个重要性状。上述已经论述了狐狸毛色的育种，这些都是质量基因所作用，而毛色的深浅则属数量性状。如一种毛色在毛色基因不发生变异的情况下，这种毛色仍然会有从深色到浅色的变异。这种变异虽不产生于毛色基因的变异，但也是由于影响毛色基因的修饰基因的变异而造成的。这类基因并不直接作用于性状，而是作用于控制性状的质量基因，影响质量基因的表达。修饰基因是多基因遗传，每一基因的遗传效应很小，对质量基因作用的大小决定于修饰基因的数量。修饰基因的遗传特点是以加性效应的方式遗传的。可采用以下几种方法进行育种：

(1)当已经有符合要求的毛色的狐群时，应当用品系育种和严格选择的方法来继续保持和提高毛色。事实上在饲养过程中，选择是不断进行的。因为每一次繁殖都要选择交配的亲本。

(2)当毛色深浅不符合要求，而且相距较大时，可以采用级进杂交的育种方法，进行改良，一直到育成所要求的毛色。所以不直接应用选择方法的原因是因为选择是一个逐步改进的过程，而且需要在群体存在有足够数量的修饰基因，在现有表型同育种目标存在差异大时。选择育种需要很长的时间，有时甚至难以达到目标。杂交可以提供新的基因(包括修饰基因),使育种可以在较短时间内完成。但应注意,加性遗传的修饰基因是不表现杂种优势的。杂交一代都是中间型毛色。

(3)一个毛色优良的种群,或者经过育种毛色深浅已经达到要求的种群,应当像毛皮质量优良的兽群一样,保持群体的稳定和封闭状态,不引入外来的种兽杂交。在不得不引入种兽时,必须选择同样质量的种兽,否则会使已有的育种成果部分或全部失去。

第四章　狐狸的繁殖

第一节　狐狸的生殖生理

一、性成熟

在笼养条件下，幼狐的性成熟期一般为 9～11 月龄，但依营养状况、遗传因素等不同，个体间有所差异，公狐比母狐稍早一些。野生狐或由国外引入的狐，无论是初情狐还是经产狐，引进当年多半发情较晚，繁殖力较低。这是由于引种后还没有适应当地笼养环境及饲养管理条件所致，并非性成熟迟缓。出生晚的幼狐约有 20％到翌年繁殖季节不能发情。

二、生殖器官的季节性变化

狐属于季节性一次发情动物，一年只繁殖一次，繁殖季节在春季。间情期很长。在性周期里，狐的生殖器官受光周期影响而出现明显的季节性变化。

公狐的睾丸在 5—8 月份处于静止状态，在夏季睾丸很小，重量仅为 1.2～2 g，直径 5～10 mm，质地坚硬，精原细胞不能产生成熟精子，阴囊满布被毛并贴于腹侧，外观不明显。8 月末至 9 月初，睾丸开始逐渐发育，到 11 月份睾丸明显增大，翌年 1 月份时重量达到 3.7～4.3 g，并可见到成熟的精子，但此时尚不能配种，因为前列腺的发育比睾丸还迟。1—2 月份初睾丸直径可达 2.5 cm 左右，质地松软，富有弹性，附睾中有成熟精子，此时阴囊被毛稀疏，松弛下垂，明显易见，有性欲要求，可进行交配。整个配种期延续 60～70 d，但后期性欲逐渐降低，性情暴躁。由 3 月底到 4 月上旬睾丸迅速萎缩，性欲也随之减退，至 5 月恢复原来大小。

母狐的生殖器官在夏季（6—8 月份）也处于静止状态，卵巢、子宫和阴道在夏季处于萎缩状态，8 月末至 10 月中旬卵巢的体积逐渐增大，滤泡开始发育，黄体开始退化，到 11 月份黄体消失，滤泡迅速增长，翌年 1 月份发情排卵。子宫和阴道也随卵巢的发育而变化，此期体积、重量亦明显增大。

三、狐狸的性行为

毛皮动物在长期的进化过程中，逐渐发展了一系列生理学的和神经学的机制，这种机制保证在个体生命达到成熟时出现一种独特的、具有繁衍种族的生物学行为，即性行为。性行为是动物一种普遍的行为，每个动物都是性行为的产物，每种动物都有自己固有的性行为。

1. 交配前的性反应（求偶）

公狐狸在交配前表现为求爱的追逐、舔舐和嗅闻母狐狸的外阴部；而母狐狸则积极地靠近和寻找公狐狸并表现出亲密感，这也是母狐狸已进入发情期的外部特征。在狐狸的繁殖季节，在养狐狸场周围就能听到狐狸的一种特殊的“嗷嗷”吼叫声，越是晚上叫声越频繁，叫声传得很远，这是狐狸求偶的叫声。此外，作为狐狸传递性信号的气味比平时也浓。发情的公、母狐狸放到同一笼后开始相互嗅闻阴部，而后公狐狸则围绕母狐狸的四周频频排尿，以圈定自己的势力范围，向其他同类个体显示此母狐狸已被它“占有”，母狐狸则表现温顺，很快双方双立，用前肢互推对方进行戏耍性咬逗、嬉戏后，母狐狸表现静立翘尾，等待交配。

2. 交配行为

狐狸交配一般公狐狸比母狐狸主动，接近母狐狸时常先伸嘴巴嗅闻母狐狸的外阴部，公、母狐狸在一起玩耍后，发情母狐狸表现温顺，站立不动将尾巴歪向一侧，静候公狐狸交配。这时公狐狸很快就会举前足爬跨于母狐狸后背上，后躯前后频频抽动，将阴茎鼠蹊部紧贴于母狐狸臀部，抖动加快，两后肢频频地用力蹬踏笼网底，见公狐狸后部内陷，两前肢紧抱母狐狸腰部，静停1～2 s，尾根轻轻扇动，即为射精。阴茎插入后，在阴道平滑肌、条纹肌的收缩和阴茎抽动的共同作用下，完成射精。射精后公狐狸从母狐狸身上跳下来，但由于阴茎和龟头高度充血膨胀而钳留在阴道里。公狐狸的阴茎带有阴茎骨，能使阴茎在勃起不完全时就能插进阴道，待阴茎完全勃起后被"连锁"在阴道内，公、母狐狸仍然粘着在一起，像狗交配一样。这是由于阴茎置入阴道后，龟头二次勃起，形成蘑菇状，钳在阴道穹隆内的结果，俗称"连裆"。有时见到母狐狸拉着公狐狸走，有时公、母狐狸两头挣。此期不能强行将公、母狐狸分开，否则可能有损公狐狸阴茎，个别的有将公狐狸阴茎拉断对母狐狸没有什么影响。

银黑狐平均交配时间为15～20 s、北极狐20～30 s，个别有1 s到2 h的。交配时间短对繁殖率无影响。但须注意，公、母狐狸在一起交配不到1 s，没见连着或连着时间短没有射精动作的，对这样母狐狸须马上捕捉，进行阴道内容物有无精子的检查，以确认是否交配，未交配的要另找一只公狐狸和它交配。

3. 交配能力

性兴奋的公狐狸活泼好动，经常在笼网上走动，有时跷起一后肢，斜着往笼网上排尿，也有时往食盆或笼网边角处排尿，此时尿色呈黄绿色，色较浓些，经常发出急促而短的求偶叫声。除上述行为外，对其睾丸触摸检查，也可判定公狐狸有无交配能力。睾丸发育正常膨大，下垂到阴囊中，有鸽蛋大小，质地松软而具有弹性，是具有交配能力的表现。睾丸较小，质地坚硬无弹性或没有下降到阴囊中(即隐睾)，一般没有配种能力。狐狸在一个配种期内，1只公狐一般可交配 2～3 只母狐，配 1～16 次；个别的公北极狐可交配 8～9 只母狐、银黑狐可交配 6～7 只母狐。一般一只公狐狸一天可交配 2 次，但间隔时间应在 3～4 h。

4. 性的和谐与抑制

母狐狸进入发情期后，有强烈的求偶欲，公、母狐狸互相间非常和谐，从不发生咬斗现象。但个别公狐狸之间也有对放给的配偶有挑选的行为，不和谐的配偶之间互不理睬，个别也有发生咬斗，虽然已到性欲期，并不发生交配行为。但更换配偶以后，有时可马上达成交配，这是择偶性强的表现。公、母狐狸因惊恐或被咬伤后，会暂时或较长时间出现性抑制的现象。公狐狸丧失配种能力，惧怕母狐狸或乱咬母狐狸。母狐狸虽已发情但惧怕公狐狸接近和拒绝交配。配偶间性的不和谐或性的抑制，往往导致母狐狸失配。

四、排卵与受精

狐是自然排卵动物，一般银黑狐排卵发生在发情后的第 1 天下午或第 2 天早上，北极狐在发情后的第 2 天。可是所有滤泡并不是同时成熟和排卵，而最初和最后一次排卵的间隔时间，银黑狐为 3 d，北极狐为 5～7 d。

据报道，发情的第 1 天只有 13％的母狐排卵，发情的第 2 天 47％，第 3 天 30％，第 4 天 7％。要想提高母狐的受胎率．最好是在母狐发情的第 2～3 d 交配。据 560 只母狐的实验材料，交配仅 1 次时，空怀率达到 30.9％；初配后第 2 天复配时，空怀率降到 14.7％；当再次连续复配时空怀率降到 4.3％。

采用母狐阴道分泌物涂片的方法能判断是否排卵。在发情期里排卵前，母狐的阴道涂片中，仅有角化上皮细胞，而排卵后就出现白细胞。排卵后卵子迅速运行到输卵管里，母狐的卵细胞被放射冠所包围，但没有极体形成，这与其他动物不同。大多数哺乳动物的卵第一次减数分裂发生在滤泡里，但母狐的卵细胞第一次减数分裂的纺锤体，在到达输卵管 1/3 处之前不能看到。受精卵分裂的最初阶段发生于子宫角里，植入则发生于交配后的 12～16 d。精子在母狐生殖道中约存活 24 h。

第二节　狐狸的发情配种

一、配种期

狐的配种日期，依地区气候、日照、饲养管理等条件而有所不同(表 4-1)。

表 4-1　狐的配种日期调查表

场别	银黑狐		北极狐	
	配种日期（初配至结束）	年度	配种日期（初配至结束）	年度
横道河子	1.30—4.2	1961	2.24—4.30	1961
泰康	2.2—3.2	1961	3.2—4.11	1961
哈尔滨	2.21—4.21	1983	2.26—4.20	1986
左家	1.26—3.24	1960	2.21—4.2	1960
金州	1.31—4.5	1985	2.18—4.30	1985
山东胶南	1.20—3.5	1988	2.25—5.1	1989

据调查，我国东北地区银黑狐的配种期为 1 月下旬至 3 月下旬，北极狐 2 月下旬至 4 月下旬。

近几年来，我国先后从英、美、挪威、芬兰、丹麦等国引入狐种。观察表明，当年引种的狐，配种期普遍推迟，受配率较低，繁殖情况不好，但 2～3 年后狐的繁殖情况趋于正常。

通常从高纬度地区向中、低纬度引种容易成功，反之则易失败。以山东胶南某场为例，引进狐的配种期与本场自繁群相比推迟 20 d(引进狐 3 月 20 日至 5 月 24 日;自繁狐 3 月 1 日至 5 月 10 日),引进狐当年受胎率为 41%($n=246$),自繁群($n=254$)为 94.5%。同样由国外引进的北极狐,配种期也呈逐年提前的趋势。以金州场为例,引进狐开始配种的时间,1983 年为 3 月 8 日,1984 年为 2 月 28 日,1985 年为 2 月 18 日,分别提前了 8~10 d。但并非年年如此,一般经过 3 年后配种期基本稳定。

在气候因素中,光周期对狐的发情影响较大,光照时间的长短可引起发情期的变化。据报道,10 月份阿根廷从加拿大引进的狐中,有一年两次发情的现象,即 2 月份发情、交配并受胎,到 8 月初又发情,公狐也能交配,10 月份获得仔兽。

狐的发情与光周期变化有密切关系,而光周期则随着地理纬度和季节呈规律性变化。如果 12 月份以后由高纬度地区向中、低纬度地区引种,由于光周期的急剧变化,使狐的生殖器官发育缓慢,发情迟缓或紊乱,因而引种当年配种期普遍推迟。从不同纬度光周期的季节变化曲线图中可以看出,高纬度地区日照时间或昼夜时差的变化幅度大而急剧。因而光周期变化的正弦曲线振幅大,斜度也大,而低纬度区则相反。这就表明,12 月份低纬度地区的日照时数明显高于高纬度地区,达不到高纬度地区狐生殖腺发育所需要的短日照要求。而在 3 月份低纬度光周期变化缓慢,又达不到狐发情所需要的长日照要求(到 4 月中旬日照时数才能达到高纬度区 3 月中、下旬的水平)。所以,从挪威、芬兰等国引种后,当年生产中常出现引进狐的配种期比自繁 2~3 年的当地种狐群推迟 1~2 旬,甚至近 1 个月的现象。因此,由外地引种以 11 月份以前为宜。有条件的地方,可采用人工模拟种狐原产地光周期变化来保证狐的正常发情,或引种当年适当推迟配种期。

据 Valtonen 等人的试验结果表明,对成年母狐(北极狐)从 2 月 1 日到 3 月 15 日之间延长光照(4 h)能提高繁殖力,而对青年母蓝狐则从 2 月 15 日到 4 月 15 日之间延长光照能得到良好的繁殖效果。

在选种时,应尽量多选留早配早产的经产母狐及其后代。在国内引种时,最好北狐南移。这些措施在一定程度上会收到较好效果。

二、发情鉴定

在狐狸的繁殖季节内,特别是人工授精过程中,只有准确鉴定母狐狸的发情并及时放对,才能保证母狐狸具有较高的繁殖率。发情鉴定是一个非常重要的技术环节。因为狐狸发情和排卵仅2～3 d,仅仅靠肉眼观察,对于饲养量大、发情期短暂而属季节性一次发情的母狐狸来说,很难及时准确地发现母狐狸的发情征兆。通过发情鉴定技术,可以判断母狐狸发情是否正常,确定发情各个阶段,准确掌握排卵时间,以便适时输精。一般采用自然交配中行为鉴定法,包括行为表现、外部生殖器变化、放对试情外,人工授精技术中还要用发情检测仪、阴道内细胞检查法来鉴定狐狸发情排卵的准确时间。

1.行为观察法

进入发情期的公狐狸表现活跃,趋向异性,采食量有所下降,并频频排尿;也有往食盆或笼网角处排尿,尿呈黄绿色,色较浓些,发出急促而短的求偶叫声。放入母狐狸时,公狐狸表现极大的兴趣,并出现爬跨交配行为。公狐狸性行为是在神经和激素的共同作用下发生的,公狐狸完整的性行为有一定顺序。大体上是经过性冲动、求偶、勃起、爬跨、交配欲、射精过程。银黑狐及彩狐一般交配时间为 15～20 s,北极狐 20～30 s,个别有 1～2 s或 3 h。母狐狸发情时行动不安,徘徊运动增加,食欲减退,排尿变频,尿液较浓呈黄绿色,经常往笼网磨蹭或用舌舔舐外生殖器。发情盛期食欲废绝,不断发出急促的求偶叫声,当公狐狸接近时,母狐狸翘尾静立,接受交配。发情后期活动逐渐趋于正常,食欲恢复,精神安定，拒绝交配。

2. 外阴部观察法

母狐发情，除观察其行为表现外，主要是看外阴部的变化，母狐发情后，外阴部的变化分几个阶段，即发情前期、发情期和发情后期。为了便于观察母狐发情时变化，通常将发情前期分为发情前一期和发情前二期。

发情前一期，发情母狐阴门开始肿胀，阴毛分开，使阴门露出，阴道流出具有特殊气味的分泌物，表现不安，活跃。此期一般能持续 2～3 d，但也有的母狐持续达 1 周左右或更长的时间。

发情前二期，母狐阴门高度肿胀，肿胀面平而光亮，触摸时硬而无弹性。阴道分泌物颜色浅淡。当放对时，相互追逐，嬉戏玩耍。公狐欲交配爬跨时，母狐不抬尾，并回头扑咬公狐，拒绝交配。此期可持续 1～2 d。

发情期，阴门肿胀程度有所变化，肿胀面光亮消失而出现皱纹，触摸时柔软不硬，富有弹性，颜色变淡。阴道流出较浓稠的白色分泌物。母狐食欲下降，有的母狐出现停止吃食 1～2 d。这时公母狐放对时，母狐表现安静，当公狐走近时，母狐主动把尾抬向一侧，接受交配，此时为最适宜的交配时期。银黑狐可持续 2～3 d，北极狐可持续 3～5 d。当然也有特殊情况，幼龄初次发情的母狐，不像上述情况那样典型，可根据试情放对情况灵活掌握。

发情后期，外阴部逐渐萎缩，颜色变白，放对时，对公狐表现戒备状态，拒绝交配。此时可停止放对。

静止期，阴门被阴毛所覆盖，如不扒开看不到，阴裂很小。

母狐发情期外阴部变化参见图 4-1。

银黑狐和北极狐发情期的变化基本相似，但北极狐较银黑狐更明显。

3. 放对试情法

将公、母狐狸放进同一个笼内，根据母狐狸在性欲上对公狐狸

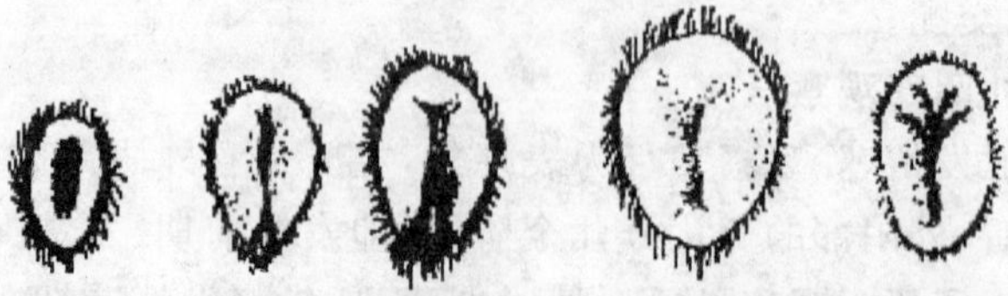

图 4-1 母狐发情期阴门外观变化

的反映情况来判断其发情程度。此法由于让动物自身进行识别，所以比较可靠，而且表现明显，容易掌握。选用的试情公狐狸要体质健壮，性欲旺盛，无捕咬母狐狸的恶癖。开始发情时母狐狸有趋向异性的表现，可与试情公狐狸玩耍嬉戏，但拒绝公狐狸爬跨交配，每当公狐狸爬跨时，夹尾巴并回头扑咬公狐狸，一般不能达到交配。当发现母狐狸嗅闻公狐狸阴部，并抬尾频频排尿，公狐狸爬跨，母狐狸等待公狐狸交配的站立反射时，可判断母狐狸进入适配期。遇有公狐狸性欲不强时，母狐狸甚至钻入公狐狸腹下或爬跨公狐狸，以刺激公狐狸交配。如母狐狸拒绝公狐狸爬跨，互相扑咬，就立即分开，应放入其他公狐狸笼内试情，或隔日再试。避免公、母狐狸互相扑咬而被咬伤，使公、母狐狸出现性抑制。放对时，一定要将母狐狸放入公狐狸笼内。初次放对时间不宜过长，应安排在 7—8 时早饲前，或下午 5—6 时晚饲前放对 20 s 为宜，配种期环境宜安静，避免嘈杂及人员来回走动。个别狐狸特别是初次发情的母狐狸，虽然外阴发情表现不明显，而实际上已发情，称为隐性发情。有的发情期特别短，即外阴发情表现不明显就进入发情期，称为短促发情。这两种情况必须以试情为主，如果母狐狸接受交配，就要马上配种，以免错过交配时机。试情还有促进母狐狸发情的作用，尤其是银黑狐发情期短促，为避免漏配，应多放对。

4.阴道内容物涂片法

此法是用灭菌棉签蘸取母狐的阴道内容物制作涂片，在

200～400倍显微镜下观察阴道内容物的白细胞、有核角化细胞和无核角化细胞所占的比例变化，来判定母狐是否发情(图 4-2)。

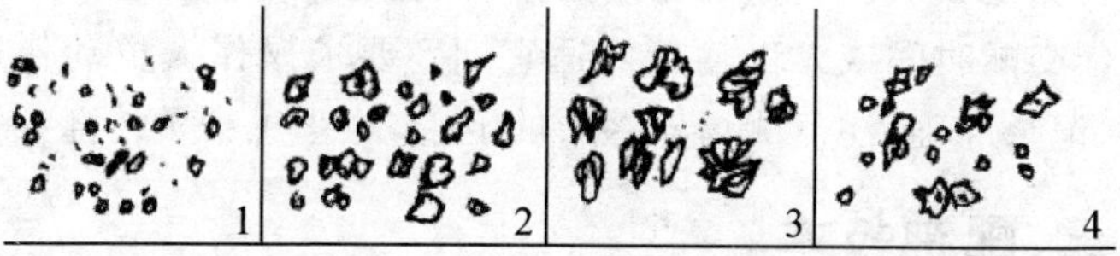

图 4-2　母狐发情期阴道内容物涂片变化

1.静止期　2.发情前期　3.发情期　4.发情后期

静止期，阴道内容物涂片可见到白细胞，很少有角化细胞。

发情前期，阴道内容物涂片可看到有核角化细胞不断增加，以后可见到大量有核角化细胞和无核角化细胞。

发情期，可看到大量的无核角化细胞和少量的有核角化细胞。

发情后期，阴道内容物涂片又出现白细胞和较多的有核角化细胞。

阴道涂片法，适用于狐的人工授精时，自然交配时多不采用。

5.测情器法

利用测情器检测母狐阴道内容物的变化，以确定最佳交配时间。养狐业较为发达的北欧国家和美国、加拿大应用此种方法较多，在采用人工授精技术为主的养狐场，测情器已成为母狐发情鉴定、确定最佳输精时间的重要手段。随着国内人工授精技术的推广和普及，利用测情器进行狐的发情鉴定也被广泛接受。测情器是 1 个 6 cm×6 cm 的小盒，内有电子装备，表面有电阻读数，由 0 到 1 900。外连探头，探头长 11 cm，如筷子粗细，在探头前部有两个金属环。狐发情时阴道内黏液 pH 值会发生变化，导电系数也相应地发生变化，在测情器电阻表上应显示出不同的读数，以此测出是否发情。

测情时将测情器探头插入母狐阴道内，读取试情器显示的数值，根据每次测定的数据记录，确定母狐的排卵期。检测时，一般在每天相近的时间内进行测定，每天测定 1 次，当数值上升缓慢时每天要测定 2 次。当试情器读数持续上升至峰值后又开始下降时为最佳交配时间或人工输精的适宜期。要求操作人员动作迅速，读数、记录准确，注意测情器探头的卫生，防止感染及传播疾病。

三、配种技术

1.狐狸最佳配种期

母狐狸排卵一般发生在发情后的第 1 天下午或第 2 天早晨，北极狐在发情后的第 3 天排卵。但是，并不是所有卵泡都同时成熟和排卵，而是有一定的时间间隔。从开始排卵到排卵结束的间隔期银黑狐为 3 d，北极狐为 5～7 d。据报道，发情的第 1 天只有 13％的母狐狸排卵、发情的第 2 天 47％、第 3 天 30％、第 4 天 7％。要想提高母狐狸的受胎率，最好是在母狐狸发情的第 2～3 天交配（最佳配种时机）。据 560 只母狐狸的实验材料，交配仅 1 次时，空怀率达到 30.9％；初配后第 2 天复配时，空怀率降到 14.7％；当再次连续复配时空怀率降到 4.3％。母狐狸的排卵与其他哺乳动物不同，当卵泡成熟后，在第一次减数分裂前，即卵子仍处于初级卵母细胞阶段，母狐狸就开始排卵，无极体形成。在排卵过程中，进行一次减数分裂，而在卵子受精时，可能才排出第 1 极体，进入次级卵母细胞阶段。此时发情公、母狐狸表现出一种协调的、特殊性行为反应。进入繁殖季节，狐狸靠特殊的"嗷嗷"吼叫声和气味同异性取得联系，起到诱情作用，经求偶即可达成交配。目前，养狐业较发达的国家，尤其是以人工授精为主的养狐场，利用试情器（在峰值下降当日或次日输精效果最佳，即当发现母狐狸外阴部高度肿胀、外翻并流出精液，测情器显示适宜数值。银黑狐交配成功的数值是在 200～600，集中于 400 左右；北极狐一般在 300～800，集中 500 左右，即可进行交配）测试母狐狸的排卵期，已成为判定适配期或输精时间的重要手段。

2.配种方法

狐狸的配种方法包括自然交配和人工授精两种。

(1)自然交配法　包括两种：

①合笼内饲养交配　指在整个配种季节内，将选配好的公、母狐狸放在同一个笼内饲养，任其自由交配。其优点是省工省力；但使用种公狐狸较多，造成饲养公狐狸费用增加，且不易掌握母狐狸预产期。平时也无法掌握公狐狸交配能力，更不能检查精液品质。所以国内多不采用。仅限于那些不发情的或放对不接受交配的母狐狸采用此法。

②人工放对配种　平时公、母狐狸隔离饲养，在母狐狸发情的适当时间，把公、母狐狸放到一起进行交配，交配后再将公、母狐狸分开。国内养狐场基本都采用此法。据观察，早晨、傍晚和凉爽天气公狐狸比较活跃，是放对配种的最好时期。中午和气温高的天气，狐狸则表现懒惰，交配不易成功。人工放对时，一般是将母狐狸放入公狐狸笼内交配较好，因为如把公狐狸放到母狐狸笼内，公狐狸要花费好长时间去熟悉周围环境，然后才能进行交配。但如果母狐狸胆小，就应将配种力强的公狐狸放到母狐狸笼内交配。

(2)复配法　母狐狸排卵往往比出现明显发情征候要晚些。一般卵泡成熟就排卵，排卵能持续 2 d，精子在母狐狸生殖器中存活 24 h。因此，连日或隔日复配，可提高母狐狸受胎率。银黑狐复配 1～2 次，而北极狐应复配 2～3 次。复配一般在初配后的第 2 天或第 3 天进行。商品狐生产场可采用 2 只公狐狸上、下午各交配一次的方法复配，但所产仔狐狸不宜留作种用。复配可提高受胎率，但不能提高产仔数，母狐复配的方式有：

①一次配种法　母狐只交配一次，不再接受交配。这种方式受胎率只能达到 70％。

②两次配种法(1＋1 或 1＋0＋1)　母狐初配后，次日或隔日

复配一次。这种方式多用于发情较晚或发情时间短(即复配一次不再接收交配)的母狐。

③隔日复配法(1＋0＋1＋1) 母狐初配后停配1 d,再连续2 d复配2次。这种方式适于发情和排卵时间持续长的母狐,如北极狐。

④连续重复配种法(1＋1＋1或1＋2) 即在发情母狐第一次交配后,于第2天和第3天连续复配2次。在繁殖后期,母狐初配后,也可在第二天复配两次(上、下午各一次)。这种方法受胎率高。

1只公狐狸1 d可配2只母狐狸,但交配要间隔3～4 h。公、母狐狸比例,银黑狐为1∶(2.5～3),北极狐为1∶4。为了使狐狸群保持良好的繁殖力,其年龄结构始终保持2～4岁占60％以上,新补充的仔种狐狸不超过40％为好。合理的年龄组成是稳产、高产的前提。挪威Nordang养狐场种母狐狸年龄结构为:1岁龄28％、2岁龄25％、3岁龄20％、4岁龄14％、5岁龄13％。公狐狸的配种能力个体间差异较大。据对120只公狐狸的配种次数统计表明,交配10次以下占30％,11～20次占48％,交配21～25次占14％,交配25次以上占8％。连续配4次后停配1 d。配种次数与产仔率关系见表4-2。

表4-2 北极狐配种次数与产仔率关系(n=241)

配种次数	n	产仔率(％)	胎平均(只)
1	38	42.11	8.31
2	132	67.4	10.47
3	61	73.6	9.20
4	10	90.0	8.89

3.配种时注意事项

(1)正确掌握母狐狸的受配时间 一般通过发情鉴定,大体可以确定母狐狸的最佳交配时间。但是个别母狐狸有特殊现象，如有的母狐狸在发情前即求偶强烈，遇到性欲旺盛的公狐狸能达成交配；还有的母狐狸交配后间隔 8～9 d，阴门又出现肿胀，和公狐狸放在一起有时也容易达成交配，一般认为这是受精卵着床前的特殊表现，以上这两种交配都是无意义的。应当指出，有极个别母狐狸发情长达 1 周左右，这类狐狸在整个发情期内可以进行多次复配。

(2)人工辅助交配　狐狸整个配种过程一般自行完成。但有的母狐狸已进入发情期，由于公狐狸爬跨时走动，或母狐狸站立姿势不好，或阴门向外突出过高等很难达成交配时，可用抓狐狸钳或保定套将母狐狸保定，必要时用手托住母狐狸的腹部，辅助公狐狸达成交配。初配成功后，一般复配就比较容易。

(3)训练狐狸配种　初次参加配种的公、母狐狸，没有配种经验，应进行配种驯化。小公狐狸初配时，胆小，可放到已配种狐狸的邻近笼舍里，叫它见习配种过程，再放到已初配过的母狐狸笼内，诱导其交配。对性欲旺盛的小公狐狸，可选择性欲旺盛、发情好的老母狐狸与其交配，或公、母狐狸合养，进行异性刺激，促进小公狐狸尽快完成初配。狐狸的交配过程是以公狐狸的主动交配为主，母狐狸处于被动从属地位。初配母狐狸第一次参加配种时，最好选择已参加过配种的公狐狸。

(4)外科手术　有的母狐狸阴道狭窄，可用不同直径的玻璃棒进行扩撑，也可采用外科手术。对于外阴部由长毛覆盖而影响交配的，可以把毛剪掉。个别外阴部一侧肿胀，可通过向非肿胀一侧注射蒸馏水而使其肿胀，以完成交配。

(5)注意择偶性　公、母狐狸均有自己选择配偶的特性。在配种过程中要注意观察，适当选择配偶，可顺利达成交配。因此，要随时调换公狐狸以满足公、母狐狸各自择偶性的需要。

第三节 狐狸的人工授精

人工授精是用器械或其他人为方法采取公狐的精液，再用器械将精液输入发情好的母狐的子宫内，以代替公、母狐自然交配的方法。狐的人工授精技术在挪威、芬兰、瑞典、加拿大和美国等国研究的较早，我国农业科学院特产研究所在20世纪60年代初期开始研究。近年来该所又对银黑狐、赤狐、彩狐以及它们之间的杂交进行了多项试验研究工作，并取得了一定的进展。目前，已有许多的养狐场开始采用这项新技术。

一、人工授精的优点

(1)可提高优良种公狐的配种能力　公狐自然交配时最多交配3～5头母狐。而采用人工授精时，1头公狐的精液可以输给50～100头母狐。

(2)可加快优良种群的扩繁速度，促进育种工作进程　因为人工授精能选择最优秀的公狐精液用于配种，使优良遗传基因的影响显著扩大，从而加快种狐改良和新品种、新色型扩繁培育的速度。

(3)可降低饲养成本　由于减少了种公狐的留种数，节省了饲料和笼舍的费用支出，缩减了饲养人员的数量，从而降低了饲养成本。

(4)可进行狐属和北极狐狐属的种间杂交　狐属的赤狐、银黑狐与北极狐属的北极狐由于发情配种时间不一致，而造成了生殖隔离现象。采用人工授精技术可将赤狐或银黑狐的精液输入发情的北极狐的阴道内，或将北极狐的精液输入赤狐、银黑狐的阴道内，完成狐属与北极狐属之间的杂交。

(5)可减少疾病的传播　人工授精人为隔断了公、母狐的接触,减少了一些传染性疾病的传播和扩散。

(6)可提高母狐的受胎率　人工授精所用的精液都经过品质检查,保证质量要求。对母狐经过发情鉴定,可以掌握适宜的配种时机。另外,还可克服因公母狐的体形相差较大,择偶性强或是母狐阴道狭窄、外阴部不规则等出现交配困难,因此有利于提高母狐的受胎率。

(7)可以进行精液的长期保存和运输　使用保存的精液尤其是冷冻精液,可以使精液不受时间、地域和种狐生命的限制,有效地解决无公狐或公狐不足地区的母狐配种问题。公狐的冷冻精液经过检疫后,还可进行国际间的交流和贸易,以代替种公狐的引进。

二、精液的采集

1. 采精前的准备

(1)消毒　采精前应对所用器械消毒,摆放整齐。室温为18～25℃,稀释液放在保温瓶内35～37℃备用。每次采精、输精完毕,及时清理粪尿和废弃物,打开门窗流通空气。用70 W紫外线灯进行空间和地面消毒1～2 h。对输精器、阴道插管、集精杯、玻片等应严格消毒,使用一次消毒一次。集精杯、输精器及玻璃器皿等先用清水冲洗→洗涤剂(洗洁精)刷洗→清水冲洗干净→消毒液(0.1%～0.2%新洁尔灭)浸泡→清水冲洗干净→蒸馏水冲洗3遍→无水后120℃烘干2 h→备用。

备齐保定架、显微镜、电采精器、冰箱、水浴锅以及液氮罐等。

(2)保定　保定方法有机械保定和化学保定两种。通常采用机械保定,即采精时,如果公狐狸特别温顺,就不用颈钳和颈圈保定,一个人抓住公狐狸头上毛绒,另一手抓住尾巴根即可。如果公狐狸挣扎,可用保定架保定,也可用带后钩的颈钳把公狐狸悬空挂起后采精。总之,目的是能迅速、顺利地采到公狐狸精液,并防止污染精液。输精时一人用颈钳固定好母狐狸，一手抓狐狸钳，一手固定尾巴，使母狐狸头部朝下，阴门外露，可以进行操作。有的母狐狸可以悬空挂起，或使之自然站立在桌上后输精。化学保定用于电刺激采精和挣扎母狐狸进行输精时使用，以氯胺酮每千克体重 10 mg 或安定 5 mg/只注射于后股内侧，待狐狸安静后实施采精或输精。

(3)选择种公狐狸　对于采精的种公狐狸选择应非常慎重，应选择品质纯正的原种或原种自繁后代，一旦选择的种狐狸属于改良后代，其改良效果不佳。种公狐狸体型修长适中而不过肥，体长 80 cm 以上，体重 7～15 kg，毛皮品质优秀，无明显缺陷与疾病，生殖器官发育正常，性情温顺，能顺利采精，精液品质优良。因此，不仅要从血缘关系上严格选择，而且对其他方面也要有一定要求，才能保证种公狐狸优良的性能稳定遗传下去。

(4)训练公狐狸　进口的芬兰原种公狐狸一般都是人工授精后代，体型大，体重较重，不宜自然交配，而是采用人工方法进行采精。北极狐一般从 2 月中旬开始训练，采精需要固定的场所。平时常和狐狸接触，抓狐狸禁止粗暴操作。在采精时先让狐狸自然站在一起，用手抚摸，消除公狐狸紧张情绪，饲养时应与公狐狸靠近，有利于公狐狸生殖器发育。如果有的公狐狸不易采到精液，或阴茎勃起不全，不要灰心，应加强驯化，隔几天再采，使之形成良好固定的条件反射，训练几次就可能顺利采到精液。

2.采精方法

采精方法很多，有假阴道采精法、电刺激采精法和手按摩采精法。由于假阴道采精法的操作和训练较繁琐，又不利于分段采精，生产上已不采用。电刺激采精法采精速度慢，需要器材多，而且对公狐狸需麻醉，并且采取精液密度小于手按摩法，在生产上较少用。目前常用的是手按摩采精法，此法方便、效率高，下面介绍手按摩采精法。

(1)采精的生理机理　本法是狐狸自然生理过程的一个粗放模拟。公狐狸的性行为在激素和复杂的神经调节下,综合集中在一起而达到交配射精的。公狐狸的性刺激通过嗅觉、视觉、听觉和触觉,在副交感神经作用下引起阴茎充血,使阴茎勃起;腰荐脊髓的射精中枢兴奋,引起附睾尾、输精管、尿道和阴囊的强烈分泌和收缩;在交感和副交感神经控制下,特别是射精管壶腹部肌肉节率性收缩,壶腹部与外部以10∶1压力差的作用下,精液射出体外。因此,手按摩采精法就是对阴茎体、龟头的摩擦,施以适当压力以及温度的适宜刺激,使公狐狸产生以上有顺序的性反应,从而达到射精目的。

(2)采精的具体操作程序　本法可1人或2人配合完成。狐狸用颈钳或保定架保定,用浸有0.1%新洁尔灭的纱布或干净毛巾对阴茎或睾丸以及其周边进行消毒,消毒后狐狸在操作台上呈自然站立姿势。操作者以拇指、食指和中指握住阴茎球上方,上下轻轻滑动,此时公狐狸也随着手的滑动上下抽动,待阴茎球稍稍勃起时,用无名指将阴茎体由公狐狸两后腿之间拉向后方,再继续滑动按摩数次,即可射精。另一手握住集精杯,时刻准备接取精液。随着刺激增加,公狐狸射出第1部分精液0.1～0.5 mL,射出1～2下,紧接着射出乳白色中段浓精液0.2～1 mL,射3～4下,此时公狐狸两后肢轮换蹬踏网底,随后继续射出第3部分精液0.2～0.8 mL,前后共需10～15 s,3次分段射精总量为0.5～2.3 mL。银黑狐精液品质优良,每次射量为0.5～0.9 mL,密度5亿～6亿,活力0.75以上,畸形率小于10%,有利于杂种狐的生产。

(3)采精时注意事项　精液的污染主要来自采精过程,精液感染与否是人工授精成败的关键。首先,采精前将阴茎用0.1%新洁尔灭消毒。对个别公狐狸阴茎上有很多污物,是分泌物和尿液形成的,一定要用干净纱布擦洗干净。用剪刀剪掉阴茎包皮附近的毛,有阴茎系带的要剪断,否则精液不易采出。并在狐狸射精前将阴茎体拉向后方，不宜在狐狸腹部下采精，以免皮屑、毛、灰尘落入集精杯，造成污染。手的滑动和狐狸的抽动要配合好，不能停顿，时间要紧凑，否则手的停顿可造成狐狸射精中止。在操作中如果手的力度太大，对狐狸生硬操作，可造成狐狸阴茎充血，严重的可造成炎症和损伤。

左手握住采精杯，为了保护精子，防止冷打击，集精杯温度应在15～18℃。采精时要集中精力，左右手配合，快慢适宜，根据狐的反应可判断公狐第2段精液的射出。有时由于手感不好、生硬，狐狸已射精或者即将射精而手的刺激停止，造成射精中断。注意保持采精过程中环境一定要安静，使公狐狸消除恐惧感。采精前对狐狸的睾丸、阴茎进行简单按摩，采精完毕，一定待勃起阴茎体回到包皮内，再将狐狸送回。采精频率以2 d采1次或1周2～3次为宜。如果操作者动作熟练，根据狐狸的反应适当调整按摩手法，则公狐狸十分安静而驯服，仅需3～5 s可采到高质量的精液。如果一时采不出来，也不要急躁，先采好采的狐狸，对未采出精液的狐狸，应调整手法后最后采或隔日采精。

三、精液品质的检查

精液品质检查的目的在于鉴定精液品质的好坏，便于准确掌握公狐的饲养管理水平和生殖机能状态，合理安排公、母比例，并为种狐的选留和淘汰提供依据。精液检查的时期主要是在采精后、精液稀释后和输精后。采精后检查的目的是确定精液的密度、数量、活力和进一步稀释的倍数等；精液稀释后检查的目的是检查精子活力；输精后检查输精器内残留精液的活力是保证输精的成功。

精液品质检查的内容包括射精量、色泽、气味、pH、精子活率、精子密度和存活时间等项目。狐射精量为0.5～2.5 mL，北极狐为0.6 mL；每次射精的精子总数为3亿～6亿个。如精子活率低于70%，畸形率超过10%时，狐的受胎率就会明显下降。精液品质好坏除与饲养管理水平、年龄大小等因素有关外，还与公狐的采精次数和利用强度有关。一般每天采精1次，连续采精2～3 d后，休息2 d较科学。

四、精液稀释

1.稀释目的

精液的稀释是在精液中加入适宜于精子存活并保持受精能力的稀释液，其目的是为扩大精液容量，提高一次射精可输母狐狸只数，并可降低精子能量消耗，补充适量营养和保护物质，抑制精液中微生物活动，延长精子存活时间，也便于精子的保存和运输。

2.稀释倍数

采出的精液应按输精标准，确立合理的稀释倍数，可以充分利用精液。精液输入到子宫颈内，到达子宫、输卵管，要经过子宫内膜腺和输卵管的子宫—输卵管峡部两道生理屏障的筛选作用。当精子陆续到达受精部位时，只有个别生命力强的精子才能和卵子结合。因此，必须输入一定生理限度的精子才能使狐狸受精。即输精标准为：活力大于0.8；一次输入精子数不少于3 000万个，实际生产上每次输入5 000万～1亿个；畸形率小于18%；输精量控制在1～1.5 mL。其精液最大稀释倍数可按下列公式计算：最大稀释倍数＝原精液每毫升前进运动精子数/稀释后每毫升应有的前进运动精子数＝x/y，公式中x＝精子浓度×活力，y＝每头份应输入的前进运动精子数/每头份应输入的精液容积(量)。例如：1只公狐狸采精量为0.6 mL，精子浓度6×10^8＝6亿，活力0.8，每头份输入前进运动精子数5 000万个(5×10^7)，每头份输入精液量1 mL，应对原精液稀释多少倍？则$x=6\times10^8\times0.8=4.8\times10^8$(个)，$y=5\times10^7/1=5\times10^7$(个)，最大稀释倍数$=4.8\times10^8/5\times10^7=9.8$(倍)。稀释完一定要检查活力，精液稀释倍数不应超过

10倍。

3.常用稀释液

(1) 柠檬酸钠稀释液　柠檬酸钠3.8 g,蒸馏水100 mL,每毫升加入青霉素1 000 IU、链霉素1 000 μg。

(2) IVT变温稀释液　包括基础液和稀释液两部分。补充二氧化碳20 s,调pH为6.35。其中:

基础液:柠檬酸钠2 g、碳酸氢钠($NaHCO_3$)0.21 g、氯化钾0.04 g、葡萄糖0.3 g、氨苯磺胺0.3 g、蒸馏水100 mL。

稀释液:基础液90 mL、卵黄10 mL、青霉素1 000 IU、链霉素1 000 mg。

(3) 氨基乙酸稀释液　氨基乙酸1.82 g、柠檬酸钠0.72 g、卵黄5 mL、蒸馏水100 mL、青霉素1 000 IU/mL。

(4)东林Ⅰ型狐狸专用常温稀释液　以上(1)、(2)、(3)种稀释液必须在配制后当天使用。其中IVT稀释液效果最好。东林Ⅰ型狐狸专用稀释液效果较好,可随用随取,使用方便,在冰箱5℃内可保存半年。

4.精液稀释的方法与注意事项

(1)精液稀释的方法　精液采集后要尽快稀释,采精前,把稀释液移至集精杯内,置于35～37℃的广口瓶内保存。采精后,等温稀释液缓慢加入到盛有精液的集精杯中,先作1倍稀释。在确定原精液的精子密度后,再加入适量的稀释液,使稀释后的精子密度达每毫升5 000万～1.5亿个。在稀释精液使用前都必须经过检验,符合输精标准者方可使用。其精子活力检查应保持35～37℃下第1次测定后,再过3 h后再检活力,如果活力无明显变化,则稀释液的质量达到标准。活力0.9的精液在恒温(35～37℃)条件下,24 h后活力为0.6,则是非常可靠的精液稀释液。

(2)精液稀释的注意事项　操作前稀释液在35～37℃保温瓶内预热。采精后等温下稀释越早越好,采精后20 s内等温稀释,防止温度 20℃以下精子受冷打击或冷休克。稀释时，将稀释液沿精液瓶壁或插入的灭菌玻璃棒缓慢倒入，轻轻摇匀，防止剧烈震荡。如高倍稀释(8 倍以上)，应分次进行，先低倍后高倍，防止稀释打击并避免升温和阳光直射，如立即镜检，活力下降的精液，应弃去不用。

五、精液保存方法

精液保存方法有低温保存、常温保存和冷冻保存三种。前两种是以精液液态保存，后一种为用超低温，精液冷冻起来保存。还有精液冻干保存正在研究中。

1.液态精液保存

精液稀释后，保存温度在 0℃以上，以液态形式保存，可称液态精液保存。

(1)低温保存　将精液保存在 0～5℃的环境中，抑制精子的活动，使营养消耗减少和代谢产物积累缓慢，从而延长精子存活时间。此法有效保存期可达 7 d。其保存方法是将稀释后的精液，最好按一个授精剂量分装于消毒过的小试管、安瓿或塑料细管内，封口。分装后，再用多层纱布包裹，放入塑料袋内，以便在冰水、冰箱或化学降温(是将 40 g 食盐溶于 1 500 mL 冷水中，再加入 400 g 氯化铵，温度即可降至 0～5℃，每隔 2～3 d 添加氯化铵 100 g；用尿素 60 g 溶于 100 mL 水中，也可降温到 5℃)。在农村，也可将包装好的精液，吊在深水井内保存。同时采用低温保存法运输精液。

(2)常温保存　保存温度为 15～20℃。常温保存的精液必须用稀释液(其配方见精液稀释)等温(28～32℃)稀释后，分装于小试管或安瓿内，严密封口。保存期间，每隔 24 h 检查一次活力。常温保存精液，只要温度不低于 25℃左右，便可直接用于授精。如果使用需要逐渐升温至 25℃左右，可用手握升温或室内放 30 s

左右进行自然升温，也可35℃左右温水浴中升温。

2.精液冷冻保存

(1)冷冻保存机理　冷冻精液是用液氮(－196℃)、干冰(－79℃)或其他制冷设备为冷源，将精液经过特殊处理后，保存在超低温下，以达到长期保存的目的。

精液在经过特殊处理后保存在超低温下，完全抑制了精子的代谢活动，使精子的生命在静止状态下保存，一旦升温又能复苏，而不失去受精能力。其中复苏的关键是精液在冷冻时在保护剂保护下，能防止精子水分的冰晶化(危害精子)，形成玻璃化。所以，在精液冷冻技术中，对危害精子的冰晶化温度区域，无论降温或升温都必须采取快速越过措施，使冰晶来不及形成便直接变成玻璃化。只有克服冰晶化对精子的危害作用，才能使精液保存在远远低于冰晶温度区域的超低温条件下。但目前采用的低温还达不到完全玻璃化的程度。因此，在稀释液中加入甘油等抗冻物质，浓度为2%～4%，以增强精子的抗冻能力，对防止冰晶化发生有重要作用。

(2)冷冻保存　精液的冷冻保存，是人工授精技术的一项重大创新。因常温或低温保存的精液，只能使用数日，而冷冻保存的精液可以长期使用。根据剂型和冷源的不同，冷冻方法大体可分为颗粒冷冻法、塑料细管和安瓿冷冻法。

颗粒冷冻法　将采集后的精液首先用冷冻稀释液稀释，然后在0～5℃冰箱内平衡1～2 h。最后用滴管将其滴入埋于干冰或置于液氮容器口上的模板孔内，3～5 s后精液冻结成白色，收集于储精瓶内。移入液氮或于冰中贮存。精液滴冻时动作要迅速，颗粒大小要均匀。

塑料细管或安瓿冷冻法　将稀释、平衡好的精液移入塑料细管或安瓿中。在干冰或液氮容器口停留3～5 s后，将细管或安瓿转入干冰或液氮中保存即可。

冷冻精液的解冻方法因剂型不同而有差别。细管或安瓿精液解冻时,可将其直接投入 30～40℃的温水中,待管(瓶)内精液融化一半时,立即取出备用。

颗粒精液解冻可将试管置于 35～40℃水中恒温后,投入精液颗粒,摇功至融化,同时加入 1 mL 20～30℃的解冻液;也可将 1～2 mL 解冻液倒入试管内,水浴加温至 35～40℃,再投入颗粒精液,摇动至融化,取出试管在室温下存放备用。

(3)狐狸冷冻精液现状　目前,狐狸冷冻精液受胎率低,原因是多方面的。实验证明,狐狸精子对温度的敏感程度很高,解冻后,精液出现大量死亡和畸形精子。因此,首先用作冻精的狐狸精液品质必须提高,才能有较好的抗冻能力。精液的冷冻效果,与稀释液中抗冻成分和浓度,冻前处理、冷冻程序、冷冻温度、降温速度、解冻方法和温度等因素也是密切相关的。

已查找出导致狐狸精子冷冻损害的主要部位是精子的顶体、线粒体和质膜。精子冷冻后顶体膨胀,部分脱落或尾部脱落,顶体的破坏会导致精子失去受精能力。精子冷冻损伤的另一个重要部位是中段线粒体(为精子提供能源),会造成精子能量供应中断,使精子失去运动能力。所以,必须指出,精子的形态结构与功能的统一性,只有完整的形态结构,才具备正常的受精能力。冷冻后的精子损伤较大,输精次数应增加到 3～5 次,每次输入精子 1 亿个,其真正受孕率为 20%～30%,大大低于鲜精的受孕率(70%～80%)。因此,加快研究狐狸冷冻精液保护剂和冻精工艺等,减少精子的冷冻后损伤,提高受孕率,使之达到或接近于鲜精输精水平,可加快狐狸品种改良进程。

六、输精

输精是人工授精的最后一个技术环节。适时准确地把符合要求的精液输到发情母狐生殖道内的适当部位. 以保证获得较高的受胎率。

1. 输精前的准备

输精前要准备好输精器、保定架、水浴锅等。输精器材使用前必须彻底洗涤，严格消毒，最后用稀释液冲洗。狐用输精器见图 4-3。

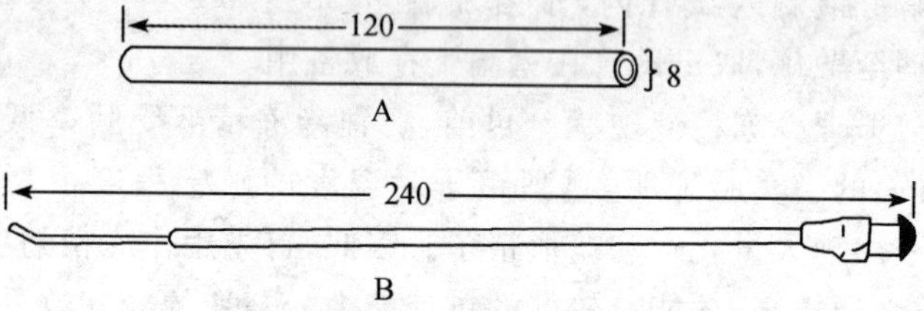

图 4-3 狐狸专用输精器(单位:mm)

A. 阴道插管 B. 输精器

狐狸人工输精时的专用输精器是在羊用输精器的基础上改制的，总长 240 mm，前端有 4 cm 细端，头部稍有向上弯曲，弯曲下部有一小孔。此种金属输精器的头部结构适宜输入到子宫颈口内。用于撑开狐狸阴道的开膣器是长 120 mm、直径 8 mm，两端钝圆的塑料管，可有水笔管代替，前端是抵止子宫颈阴道部的。因此，插管前端与杆部不能有锋利的毛刺，以防划伤阴道和子宫颈。输精用 2.5 mL 一次性注射器，输一次精液换一支新的，避免交叉重复使用。输精器和阴道插管一只母狐狸用一套，使用完统一消毒。

2. 输精部位

狐狸是属于阴道内射精动物。狐狸的子宫颈是一个括约肌样组织，静止期长 4～5 mm、宽 8～10 mm，约黄豆粒大，向后突入阴道内，形成子宫颈阴道部。阴道上端与子宫颈的连接处形成横形结构，即阴道穹隆，子宫颈口稍朝下，位于隆起的正中央。静止期子宫颈口是关闭状态，子宫颈组织坚实。发情期子宫颈增大、变软，颈口稍有开张。子宫颈黏膜上的分泌细胞在发情时分泌活动增强。采用阴道内输精，做阴茎模拟自然交配输精，由于子宫颈口太小，很难达到自然交配下的状态，输入子宫颈口内精子数有限，受胎率很低，在生产上已不采用。子宫内输精是将精液输到子宫颈内 1.5～2 cm 处，此方法受胎率高，被国内外养狐场普遍采用(图 4-4)。但需要输精人员技术熟练，有的熟练者 1～2 s 内可输 1 只母狐。

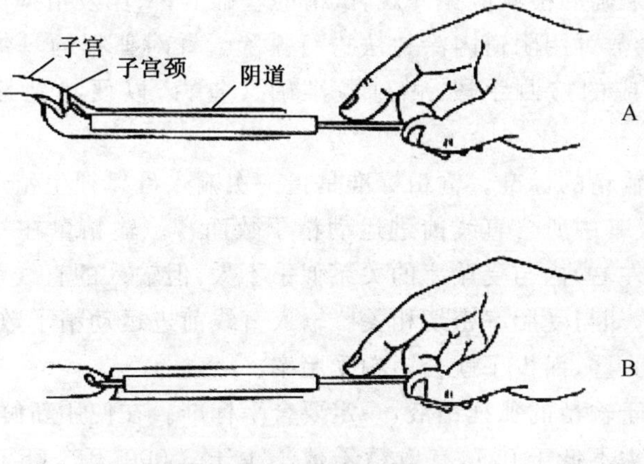

图 4-4 输精输入的位置

A. 阴道插管和输精器在阴道内的位置；

B. 输精器末端进入子宫内

3. 输精技术

(1)掌握输精的时机与标准

①输精的时机。要准确掌握授精的时机，必须考虑排卵时间，卵子排出后保持受精能力的时间；精子进入母狐狸生殖道受精部位的时间；精子在母狐狸生殖道内保持受精能力的时间；精子获能(即获能过程)的时间。掌握这些时间，对适当地选择输精时间具有重要意义。输精时间应选择在精子和卵子尽可能在具有旺盛的

受精能力的时间内相遇而受精,才能获得较高的受胎率。因此,狐狸的最佳输精时机选择在母狐狸发情期:阴门近呈圆形而且外翻,颜色变深,并有乳白色黏性分泌物;阴道涂片检查为有核角化细胞减少而无核角化细胞增加(占70%左右),圆形细胞极少;用发情检测仪测定阴道电阻值迅速上升,达到(750±200)Ω,峰值陡然下降后1 d给银黑狐,峰值下降后的2 d给北极狐输精适宜。

实践证明,对银黑狐、北极狐的输精可以推迟0.5～1 d效果较好。准确的检测应在外观、试情的基础上,采用发情检测仪进行检测,少数可用阴道内涂片法进行排除。针对狐狸的具体情况而采取相应的检测手段,做到既准确又省力,以便找到最佳输精时机。

②输精的标准。输精标准是指一次输入母狐狸生殖道内的精液量,及其中所含直线前进运动精子数而言。输精量在一定范围(1 mL左右)内与受胎率的关系似乎不大,但输入的直线前进运动精子数,却与受胎率密切相关。输入直线前进运动精子数多些,其可靠性大些,而少了就会影响受胎率。

用于输精的狐狸精液,一定要合乎标准。在使用新鲜精液时,精子活力不低于0.7,有效精子数不少于3 000万个(5 000万～1亿个)。在精液供应充足的情况下,应尽量增加输入的直线前进运动精子数,但每次输精量要控制在1～1.5 mL为宜。每天1次,输2～3次。

(2)具体操作程序

①用保定架或颈钳保定母狐狸,使之自然站立,保定人员一手握住狐狸尾根部,使其露出外阴部,用0.1%新洁尔灭或酒精棉球消毒狐狸外阴部及周围部位。

②输精人员把阴道插管缓缓插入狐狸阴道内,其前端抵达子宫颈。

③输精员用左手于狐狸腹下以虎口上托,以拇指、食指和中指

找到阴道插管的前端。

④右手控制套管，调整方向位置，用拇指、食指和中指固定狐狸子宫颈。

⑤右手握吸好精液的输精器通过阴道插管插入，前端抵子宫颈(右手可感觉输精器前端位置)。

⑥操作输精器寻找子宫颈口位置。

⑦左右手配合，将输精器前端轻轻插入子宫颈口内 1～2 cm 处。

⑧缓缓推动注射器，把精液注入到宫颈内。

⑨保定者将狐狸尾部向上提起，使其头朝下。

⑩输精人员轻轻拉出输精器，输精结束后检查输精器内残留精液是否符合输精标准。如果输精手段得当，母狐狸子宫颈口开口方向无异常，则输精过程中母狐狸表现安静。

4. 输精注意事项

(1)输精时，当输精管插入子宫颈口内时，手感觉很顺畅。输精结束后，拉出输精器后精液不倒流，输精器上无血迹，母狐狸无异常反应，说明已把精液输入子宫颈内。

(2)输精后有的母狐狸流血，这是操作不当引起的。因为，正常情况下，配种前只有 2%～5%北极狐阴道有流血现象。如果输完精拉出输精器时带有鲜血，表明输精器伤及子宫颈部。输精技术不熟练，或者输精器穿透阴道进入腹腔，长时间生硬操作，机械损伤，导致出血。可肌肉注射安洛血 0.5 mg，并肌肉注射青霉素 80 万 IU，每天 2～3 次；也可用 5%～10%拜有利(德国拜耳公司产的动物用超广谱抗生素)，狐狸每 10 kg 体重肌肉注射 0.5 mL，1 d 只注 1 次，效果好。

(3)输精时个别母狐狸有输不进精液的情况，大多数由于母狐狸发情不到期或过期，子宫颈口过紧；子宫颈由于个体差异，有的较大或较小，子宫颈口的开口方向也有不同。仔狐狸由于子宫颈细小，输精时不好把握；成年母狐狸腹部皮下脂肪太厚，左手摸不到子宫颈,更把握不住,输精较难等。

因此,输精的母狐狸必须经过严格的鉴定,确定已到排卵期才可输精。输精操作时动作要轻、稳、快,切勿乱捅、硬插,以免造成子宫颈损伤。对过肥母狐狸输精时,用颈钳或颈套套住母狐狸,使其头朝下悬空后实施输精操作。如果一时输不进去,也不要急躁,待最后或稍微休息后再输。同时避免发生由于操作时间过长,手麻,造成输精时手感迟钝,容易将输精器插入子宫下的盲端部,误认输入了子宫等。

(4)除种狐狸的选育、精液品质、输精技术、精液的污染等因素影响受胎率之外,还应提高操作人员的素质。具备一定的文化和熟练的操作技术,有实事求是的工作态度和良好的心理素质,不骄不躁,耐心细致,遇事不慌,从容处理也很重要。

第四节　狐狸的妊娠

妊娠是指从受精开始,经过胚胎的生长发育,到胎儿产出为止的生理过程。合子形成后,经过一段时间的发育,形成胚泡。胚泡附着在子宫内膜上,形成完整的胎盘体系。胎儿依靠胎盘从母体获得营养物质,在母体子宫内生长,直到产出。

一、妊娠母狐狸的生理变化

1.生殖器官的变化

(1)卵巢　配种未妊娠,黄体消退。当妊娠后有胚胎存在时,则妊娠黄体持续存在,从而发情周期中断。由于胎盘分泌孕酮,维持正常的妊娠过程,直到妊娠临结束时才退化。随着胎儿的发育,卵巢位置下移,两侧卵巢距离靠近。

(2)子宫　其变化最为显著,随着胎儿的发育和胎水的增多,子宫体积逐渐扩大,子宫动脉变粗,分支增多。随着子宫重量的增加,子宫韧带伸长并绷紧,子宫颈紧紧收缩,质地变厚,同时分泌黏稠的黏液,填充颈管内形成子宫颈塞,把宫颈完全封闭,以防外物入侵,保护胎儿。如子宫颈塞受到破坏,可发生流产。

(3)阴道和阴唇　怀孕初期,阴唇收缩,阴门紧闭;妊娠后期,阴唇逐渐出现水肿状态。

(4)乳腺　母狐狸有4～6对乳头,妊娠后期乳腺区从前到后发育较快,产前乳头突出,色变深,大多数母狐狸的乳房增大。

2.全身的变化

妊娠期由于胎儿的发育,母狐狸新陈代谢旺盛,食欲猛增,消化能力增强,狐狸的体重也相应增加,毛色也显得光亮。妊娠母狐狸表现出性情温顺,喜安静,行动变得稳重,谨慎,活动减少,常卧于笼网晒太阳,对周围异物、异声等刺激反应敏感。

二、狐狸的妊娠期

在正常情况下,母狐狸经交配后精子和卵子结合形成受精卵,即进入妊娠期。银黑狐和北极狐的平均妊娠期为51～52 d,前者变动范围是50～61 d,后者为50～58 d。据105只银黑狐和233只北极狐妊娠期统计资料,51～55 d的占95%以上(银黑狐),52～56 d的占84%以上(北极狐)。母狐狸妊娠期的长短与产仔数有一定关系;从表4-3中不难看出,妊娠期50～52 d的最好,即产仔数为276只,占总数的51.5%;胎平均最多为11.0只,比均胎数多产1只。

表4-3　妊娠期长短与胎平均的产仔数关系(北极狐)

项目	妊娠期(d)				
	46～49	50～52	53～55	56～62	合计
产胎	5	25	17	7	54
产仔数	45	276	197	40	540
胎平均	9.0	11.0	10.5	5.7	10

三、预产期的推算

为了提高仔狐狸的成活率,加强对产仔母狐狸的护理工作,需在配种结束后,将母狐狸的预产期推算出来。推算母狐的预产期的方法有日期推算法和图表快速推算法两种,这里只介绍快速推算法日期推算法较简单,从母狐狸最后一次受配日期算起,月份加2,日期减8,即是母狐狸的预产期。例如,某母狐狸最后一次交配是在2月10日,那么它的预产期为:2+2=4(月份),10-8=2(日期),即该母狐狸的预产期为4月2日左右。又如,某母狐狸配种结束在3月1日,那么它的预产期为:3+2=5(月份),因为1减去8不够减,可从月份中(一个月等于30 d计算)把差数减去,即30-8=22,那么其预产期为4月22日。

另外,银黑狐多集中在3月下旬至4月下旬产仔,北极狐集中在4月下旬至6月上旬产仔。据宁夏银川某狐场资料统计,银黑狐在4月份产仔占总数的82%,北极狐在5月份产仔占总数的74%。因此,产仔预产期是按照最后一次配种或输精日期为准,向后推算52 d则为预产期。

四、妊娠诊断

1.触摸法

(1)妊娠4～5周后,可观察到母狐狸的腹部膨大并稍下垂,用触摸法进行妊娠诊断。

(2)妊娠30 d以后,观察到母狐狸腹部增大下垂,用手触摸时感觉柔软胎体;接近产仔期可清楚地观察到乳房迅速发育,在母狐狸侧卧时可清楚见到乳头,有的母狐狸用嘴把乳头周围毛拔掉并衔草做窝现象。

(3)交配后35～40 d,母狐狸变得温顺、安静,食欲增加,可从腹部触摸到子宫内的串状物,可认定妊娠。

2.阴部检查

母狐狸妊娠前期，阴道黏膜稍苍白、干燥，阴门收缩。子宫颈紧缩关闭，子宫颈口有黏液块堵塞(子宫颈塞)，这种黏液在妊娠后期由黏稠变稀薄，有时排出体外，黏附于阴门。黏液涂片可见到阴道上皮细胞和大量无核细胞，可作为妊娠诊断的补充指标。

3.实验室诊断

对种狐可参考使用。

(1)注射激素探试法　母狐狸配后10～12 d，肌肉注射0.05～0.08 mg雌激素，3～5 d内无发情表现可判为妊娠。

(2)黏液比重法　将玉米粒大的子宫颈黏液置于比重1.002～1.010的硫酸铜溶液中，如沉入瓶底则为妊娠，上游者为未妊娠。

(3)黏液煮沸法　取10%氢氧化钠溶液4份和黏液1份，煮沸1～2 s，孕者的溶液变成橙黄至褐色，未孕者呈淡黄色。

五、胚胎死亡与保胎

1.胚胎早期死亡

胚胎在妊娠的不同阶段均可发生死亡，造成妊娠中断、流产。狐狸常见早期胚胎死亡，主要由于母狐狸营养不足、缺乏维生素等。死亡的胚胎多被母体吸收，妊娠母狐狸腹围逐渐缩小而不再产仔。生产实践中证实，胚胎的早期死亡，一般发生在妊娠后20～25 d内，妊娠35 d后易发生流产。有的人认为，胚胎早期死亡均在妊娠5 d左右发生，但是阴道加德纳菌病是导致大批母狐狸流产的主要病因之一。该病多价菌苗及诊断液已由中国农业科学院特产研究所研制成功，为控制该病流行提供了可靠的科学手段。在繁殖期保持适宜的营养水平和管理措施，对防止胚胎吸收和流产是有效的。

狐狸胚胎死亡可发生在妊娠期的任何时期，但多集中于早期，尤其集中在附植前后，其胚胎死因，可能是由于母体和胚胎因素或胎儿与母体的相互作用引起的。母体因素往往影响整窝仔狐狸造成胚胎全部死亡；而胚胎因素只影响个别胚胎；也可能由于母体环境不适当，而只能使少数胚胎正常；母体的遗传、营养和年龄、精液因素、染色体畸形、泌乳因素、子宫内胚胎过多、激素不平衡和热应激等都能导致胚胎死亡。

2.流产

流产指已有相当大小但尚无生活力的胎儿在妊娠中提早产出。流产有自发和诱发的，也有传染性的或非传染性的。

(1)流产原因　非传染性自发流产的原因是遗传、染色体、激素或营养等因素所致。妊娠期母狐狸受到应激(噪声应激、异色异像应激、寒暑应激等)会造成心理紧张、不适和行为失常等最易引起流产。

(2)流产形式

①排出不足月胎儿(早产)　其流产预兆及过程类似正常分娩。早产仔狐狸如果全身已生长了绒毛，并有吸乳反射，则可救活。

②排出死胎(小产)　是最常见的一种流产形式，因在妊娠后期，胎儿较大，胎势及胎向不正，有时伴有难产。

③干尸化胎儿　是子宫内死胎水分被吸收，体积缩小，组织变为致密，所以称干尸化胎儿。

④胎儿分解　可见于非腐败性细菌侵入子宫而引起胎儿组织浸软分解。

(3)流产的防治　采取相应的“保胎防流”措施，并在母狐狸的妊娠期，除了按饲养标准供给营养外，还要保证狐狸场的安静，杜绝参观和机动车进入。饲养人员要细心看护，严禁跑狐狸。临产前 5～10 d 对产箱、笼具消毒。同时，对产箱要保温。高纬度的北方，要用软杂草将产箱四角压实，人工造巢，产箱缝隙用纸糊上，以防冷风、贼风侵入；低纬度的河北、山东地区，因产仔季节天气已变暖，但也要有垫草，以防突然的寒流袭击。实践证明补饲，增喂营养丰富、全价、易消化饲料外，要求饲料多样化等，并保证充足饮水，适当增加运动，就会减少流产的发生。

第五节 母狐的产仔

一、产仔前的表现

母体经过一定时期的妊娠，胎儿发育成熟，由母体将胎儿、胎盘及胎水排除体外，这一生理变化过程称为分娩，俗称产仔。

1.产仔预兆

随着胎儿的逐渐发育成熟和产期的临近，母狐狸临产前发生一系列生理及形态上的变化。根据这些变化，可估计分娩的时刻，以便做好助产准备。母狐狸分娩预兆有：母狐妊娠末期腹部下垂，乳房迅速增大，临产前1～2 d，母狐狸拔掉乳头周围的毛，拒食1、2顿。并且可在乳头中挤出少量清亮胶样液体；产前几小时内从乳头中滴出初乳。分娩前几天内阴唇逐渐变软，出现水肿，阴道内流出蛋清样黏液。同时荐坐韧带即开始软化，临产前头几天阴门流出透明黏液，并附着在外阴部周围；在产前2～3 h，孕狐狸精神不安，行动急躁不安，常用爪抠抓产箱底，外生殖器出现肿胀，产仔前3～10 h子宫颈口开张。在此期间，母狐狸坐卧不安，呻吟，呼吸加快；同时排尿次数增多，并不停地抓垫草。这表明狐狸出现了阵痛，很快就要产仔了。狐狸产仔一般在清晨或傍晚。

2.产仔过程

母狐狸产仔时常采用的是侧卧姿势，这时子宫的阵缩加强，子宫颈口张开。母狐狸的胎盘属蜕膜胎盘，为了排出胎膜，与子宫壁剥离时产生强烈的疼痛。其特点是微弱而间歇时间长，当阵痛缩短，呼吸急促且逐渐加强，然后伸长后腿，这时第1只仔狐狸从母体排出。胎儿产出的间隔时间为 10～30 s。胎儿常包在胎囊内生出来，母狐狸迅速用牙齿把胎囊撕碎，或胎儿露出产道时，母狐狸用牙齿拉出来，使胎囊和胎儿一起脱出。之后母狐狸再将脐带咬断，吃掉胎盘，舔干仔狐狸身上黏液。过 15 s 后，又出现阵痛，相继产出第 2 只仔狐狸。产后的 1～2 d 内，母狐狸从生殖道中排出褐绿色恶露，子宫复原在第 10～15 d 恢复完毕。产仔后个别母狐狸出现子宫体脱出，此时，应将子宫体用高锰酸钾水清洗送回后，实施子宫还原术，缝合阴门。母狐狸产仔后，舔食仔狐肛门，以促使其排出胎便。母狐狸因吃食胎衣和仔狐狸胎便，产后排出煤焦油样粪便。仔狐狸开始吃饲料后，母狐狸停止舔食。如发现母狐狸排出煤焦油样粪便，说明母狐狸已经产仔完毕。

二、产前准备工作

根据预产期与分娩预兆，将母狐狸在分娩前 1～2 周转入产房。一般银黑狐 3 月 16 日前，北极狐 4 月 16 日前，须做好产仔前的准备工作。

1. 消毒

产房或产箱的消毒应在产仔前一周打扫干净，用 2%烧碱或 55%碳酸氢钠刷洗消毒，有条件的场可用火焰喷灯消毒笼网和小室箱。为了保温将产箱有缝隙的地方用牛皮纸糊严，或于小室和产箱之间空隙之处用草堵塞，并在产箱里铺垫清洁柔软的干草。

2. 保温

因为银黑狐产仔较早，此时天气比较寒冷。所以，要适当增加絮草，保持窝箱内的温度，防止仔狐狸被冻死。北极狐产仔多在 5 月 1 日以后，此时天气变暖，可适当减少垫草，但一定要防贼风；产仔较迟的北极狐也到 6 月份之后，窝箱内除了絮草还有母狐狸拔下的毛，无疑增加了产箱内的温度，此时应及时捡出产箱内多余的绒毛。炎热的中午应把产箱盖打开透气，以防止狐狸中暑。保温用的垫草以柔软、不易碎、无芒刺、泥土少为好，如山草、稻草、麦秸、干野草、软杂草、乌拉草等。絮草要絮得实一些，因垫草除具有保温作用外，还有利于仔狐狸抱团和吮乳作用；并且垫草应在产前一次絮足，否则产后缺草时，临时补给会使母狐狸惊慌不安。

3.及早准备助产用具

产房应备有洗手盆、热水、毛巾、肥皂、消毒液和专门的药箱以及产科器械。

4.建立昼夜值班制

助产人员应选择有经验并具有责任心强者，助产人员穿干净的工作服上岗，担任助产工作。

三、分娩的护理

分娩为母狐狸一种正常生理过程，一般不需干预。分娩护理的目的在于护理母狐狸（清除障碍物如黏液，协助母狐狸断脐带、擦干皮肤，饮以初乳等）和观察产仔过程是否正常等；如发现难产时，及时进行手术助产。助产工作应在严格遵守消毒原则下，按着正确方法和步骤进行，确保母狐狸分娩的顺利和胎儿安全。

1.严守岗位

母狐临产 1～2 d 前，拔掉乳房周围毛，露出乳头。产仔多半在夜间或清晨，产程需 1～2 h，有时可达 3～4 h，应耐心看护。银黑狐胎平均产 4.5～5.0 只，北极狐 8～10 只。仔狐出生后 1～2 h，身上胎毛干后，即可爬行寻找乳头吮乳。吃乳后便沉睡，直至需再行吮乳才能醒过来嘶叫。3～4 h 吃乳 1 次。仔狐狸初生时，都闭着眼睛，没有听觉、没有牙齿，全身长着稀疏的胎毛，呈灰黑色。体壮的仔狐狸，叫声短促而有力，体躯丰润饱满，发育均匀，成堆挤睡在产箱里。母狐狸母性很强，喜欢爱护仔狐狸，除吃食外，一般不出小室。个别母狐狸有抛弃或践踏仔狐狸的行为时，护理人员应懂得这是因为母狐狸高度受惊造成的，应及时制止母狐狸抛弃或践踏仔狐狸等行为,并创造母狐狸产箱内外安静,不得干扰母狐狸的哺乳。

2.产仔过程的护理

密切注意胎儿自然产出和胎膜破裂、羊水排出情况。母狐狸正常产仔的行为是边产仔边护理仔狐狸。仔狐狸产出后,母狐狸自行吃掉其胎衣、胎盘,咬断脐带,频频用舌舔舐仔狐狸身上的黏液和羊水,产仔结束后,将仔狐狸搂于腹下,安静哺乳。对这样的母狐狸只需助产人员在产房内加以监视即可,不必去惊扰它,待仔狐狸已知吃饱初乳以后及时送回室外原窝。如果遇到母狐狸生下仔狐狸后不吃胎盘、胎衣,不咬断脐带或者不舔舐仔狐狸时,应及时将仔狐狸取出,人工剪断脐带,用卫生纸把其身上的黏液擦干,送到保温箱中暂养;遇有难产或产仔快的母狐来不及舔舐仔狐狸,也要擦干,直至母狐狸产仔结束,再将保温箱中暂养的仔狐狸送回哺乳。但要注意护理时不得有异味,应保持原母狐狸的气味(可用尿液喷刷法使仔狐狸与母狐狸气味一样)。

3.难产的处置

母狐产仔时间多数集中在夜间或清晨,但也有在白天的。母狐狸到了预产期,迟迟不见胎儿产出,母狐狸食欲突然下降,精神不振,惊恐、焦躁不安,频频出入小室,经常回头看腹部,并作痛苦状,不断取蹲坐排粪姿势或舔外阴部,或已见羊水流出,有的仔狐狸头部嵌于生殖孔,长时间不见产出,导致胎儿窒息死亡,称为难产。助产人员遇到难产时,为了提高子宫肌的收缩力,可静脉滴注10%葡萄糖酸钙10～30 mL,在确定子宫颈口开张充分的条件下,可进行催产。可肌肉注射脑垂体后叶素0.2～0.5 mL或肌肉注射0.05%麦角0.1～0.5 mL;每千克体重肌肉注射缩宫素1个IU,如经2～3 h后,仍不见胎儿娩出,可行人工助产。即先用消毒液做外阴部消毒之后,以甘油(灭菌)做阴道内润滑剂,将胎儿拉出,或用持针嵌拉出嵌在阴道口的胎儿,进行助产。如经催产和助产仍不见胎儿产出,应马上实施剖腹术,以挽救母狐狸和仔狐狸的生命。也可在难产时用前列腺素和催产素混合液。先用0.1%高锰酸钾或雷佛奴尔消毒外阴部,然后用细导管(管内插一经火焰消毒的细铜线)徐徐插入子宫腔内(长度7～8 cm),然后抽出铜线,在导管口处连接装有药液注射器。如管内无回血或羊水流出,将药液注入。经催产仍无效时,根据情况立即剖腹取胎。

四、母狐分娩后的护理

1.产后的恢复

产后期是指从胎盘排出、母狐狸生殖器官恢复以正常怀孕的阶段,此间主要变化是子宫内膜的再生,子宫复原和重新开始发情周期。产后期母狐狸抵抗力较弱,易患病。应重视产后护理和注意卫生与改善营养,促进母狐狸恢复正常。

(1)产后子宫的恢复　分娩后子宫黏膜上发生再生现象,主要是子宫黏膜表层发生变性、脱落,由新生的黏膜代替曾作母体胎盘的黏膜。这个变化过程中由子宫排出恶露,母狐狸产后1～2 d出现恶露,最初为红褐色,以后变黄褐色,最后变无色透明。若恶露持续时间过长,则说明子宫有病变。分娩后,子宫慢慢回缩后子宫复原。母狐狸需10～15 d才能复原完毕。这个过程与黏多糖类的酶分解作用有关,而且细胞很快萎缩,在复原末期,肌细胞核聚集得很远,这种收缩使得已伸长了的肌细胞变短。于产后15～20 d子宫颈完全复原。哺乳母狐狸与初产母狐狸的子宫复原较快,而难产者复原时间延长。

(2)产后卵巢的恢复　卵巢内黄体到妊娠后期已开始萎缩,至分娩时已无黄体,从卵巢剖面上可以看到卵巢内呈一白色组织,并有少数滤泡,也就是说妊娠黄体退化后出现卵泡发育。

(3)其他各部的恢复　母狐狸阴门一般在产仔后数天内即可恢复原状并收缩。骨盆韧带在分娩后4～5 d复原。

2.产仔后的护理

产仔后几天，特别是在产后头1～2 d，母狐狸体内尤其是生殖器官的生理状态发生了很大变化，此时抵抗能力与防御能力很低。一般产道黏膜的损伤可成为病原侵入门户，所以必须注意母狐狸阴部的清洁与消毒，垫草要清洁，如果在阴门外面及尾根上有恶露应及时洗净。并给予质量好，易消化饲料；给足饮水，确保仔狐狸吃饱奶汁。并注意发现和治疗母狐狸的胎衣不下、乳房炎和仔狐狸拉稀等。

五、仔狐的护理

1.仔狐的检查

(1)检查时间　检查前首先判断产仔情况。其主要依据是听产箱内仔狐狸的叫声，并检查母狐狸的胎便。一般母狐狸产后6 h左右排出油黑色胎便，标志产仔结束。确定母狐狸产仔后，应于24～48 h内对母狐狸进行产仔检查。检查时间应根据产仔时间灵活确定，如早上产仔，可在下午喂饲时或第2天早饲时检查。夜间产仔，应在下午喂饲时检查。因为母狐狸产仔后，大部分时间在哺乳仔狐狸，只有在排泄、饮水和吃食时离开产箱。所以，刚产完仔，不宜马上检查，等母狐狸出来吃食时再进行产仔检查为宜。如果母狐狸母性好，护仔性强，很少出入产箱，母狐狸总在窝箱里，就不必强行驱赶它，若窃听到仔狐狸正常叫声，应保持安静，少检查或不检查。如发现母狐狸不在小室内哺育仔狐狸，或者仔狐狸叫声嘶哑，叫声越来越弱，说明母狐狸母性差或缺奶，应立即进行急救或代养。因为环境嘈杂或检查惊扰母狐狸，母狐狸会叼着仔狐狸在笼内不安走动或跳动，此时应将母狐狸赶进产箱内，插上小室门，0.5～1 h后打开，同时给予充足饮水、饲料，以杜绝叼仔现象。

(2)检查内容和方法　检查内容包括母狐狸是否将胎衣吃掉，

脐带是否已咬断，有无脐带缠身的现象；母狐狸是否将乳房周围的毛拔掉，仔狐狸是否吃上奶等。产仔检查是产仔保活的重要措施。采取听、看、检相结合的办法进行。听仔狐狸的叫声，看母狐狸的吃食、粪便、乳头及活动情况。若仔狐很少嘶叫，嘶叫声洪亮，短促有力，母狐狸食欲越来越好，乳头红润、饱满，活动正常，则说明仔狐狸健康和正常。否则不正常，要随时进行检查。检，就是打开小室直接检查仔狐狸的情况，如了解产仔数、仔狐狸的发育和健康情况，以及母狐狸泌乳好坏，以便及时发现问题，减少仔狐狸的死亡。其检查方法是，先将母狐狸引出小室外，关闭小室插板后进行检查。产仔检查时应保持安静，动作要迅速，巢窝尽量保持原状。为了避免将异味带到仔狐狸身上，造成母狐狸抛弃或吃掉仔狐狸，检查时应先用窝箱内垫草搓手，或戴上干净线手套，然后再检查仔狐狸。打开产箱后如果发现仔狐狸全身干燥，被毛发亮，叫声尖、短而有力，身体温暖，大小均匀，发育好，浑身圆胖，肤色较深；在产箱内抱窝成团，拿在手里挣扎有力，说明仔狐狸健康并已吃上母乳（吃上乳的仔狐狸嘴巴黑，肚腹增大），这时记录产仔只数，盖上箱盖。如果有死亡仔狐狸，应及时捡出。弱仔则胎毛潮湿，发育不良、毛色浅，身发凉，散乱分布在窝箱内，四处乱爬，拿在手里挣扎无力，叫声嘶哑，腹部干瘪或松软，以及脚趾间见有红肿破溃，大小相差悬殊，这时应及时代养，代养不了的应将其中最弱的仔狐狸扔掉。

仔狐狸第一次检查，应在母狐狸产完仔后的 2～3 h 进行，以后的检查可根据听、看的情况而定。

2.仔狐的代养

仔狐出生后即能吮乳，哺乳期为 55～60 d。大多数母狐在正常条件都能精心照顾仔狐，但个别初产、无乳、缺乳、母性不好、产仔数多的母狐和同窝仔狐个体大小相差悬殊等情况下，才需代养，代养时将奶水好的母狐狸人工保定，让这些仔狐狸吃上初乳，直至母、仔狐狸都健康能正常哺乳后，再让其回原窝饲养。银黑狐能抚养 6～9 只仔狐狸，北极狐能抚养 10～11 只，如果银黑狐产仔超过 9 只，北极狐产仔 12 只以上，就需要代养，否则很难成活。代养就是给仔狐狸找“乳娘”。代养方法是，把将要被代养的仔狐狸用代养仔狐狸窝的絮草或粪便将嘴、肛门，使其气味相同，一是将仔狐狸放入窝箱口，让母狐狸自行叼入，二是擦完后直接混入其他仔狐狸中。选择代养狐狸，一定要母狐狸产仔期相差不超过 2 d，而且代养母狐狸产仔数不应太多，且母性强，泌乳量高。饲养人员要在远处观察，看代养母狐是否有弃仔、叼仔或咬仔现象，一旦出现上述情况，应及时分开，重新寄养。

人工喂养仔狐，如果仔狐在无法寄养的情况下，可在消过毒的鲜牛奶中加入少许葡萄糖、维生素 A、B 族维生素和抗生素，制成人工乳，用吸管或特制的乳瓶人工喂养。

第五章　狐狸的饲料与营养

第一节　狐狸饲料的营养物质及功能

一、饲料中营养物质

狐狸是以肉食为主的杂食性动物，其饲料种类很多，包括植物和动物性两大类饲料。这些饲料所含营养物质种类相同，都含有水、蛋白质、脂肪，碳水化合物、维生素、矿物质（表 5-1），只是这些营养物质的数量和质量有着显著差异。

二、饲料中营养物质的功能

1.蛋白质和氨基酸

蛋白质是动物生命活动的基础，它是一类结构复杂的有机化合物，主要由碳、氢、氧、氮四种元素组成，某些蛋白质还含有少量硫、磷、铁、铜等元素。

蛋白质对狐狸具有重要营养作用：

（1）蛋白质是构成机体各种器官组织细胞的主要成分。动物皮毛、角、蹄、爪、趾、肌肉、内脏、骨骼等都以蛋白质为主要成分，动物生长、发育、泌乳、产卵、妊娠等也需要大量蛋白质。某些酶类、抗体、激素等活性物质，也是由蛋白质所构成的。

（2）促进动物体生长和组织更新。

（3）调节动物体的生理过程。

（4）供给动物体所需能量。在日粮中碳水化合物和脂肪缺乏

表 5-1 饲料中营养物质的组成

饲料	干物质	有机物	含氮物质（粗蛋白质）	氨基酸	必需氨基酸：亮氨酸、赖氨酸、蛋氨酸、苯丙氨酸、苏氨酸 精氨酸、组氨酸、异亮氨酸、色氨酸、缬氨酸
					半必需氨基酸：胱氨酸、甘氨酸、酪氨酸
					非必需氨基酸：丙氨酸、天冬氨酸、谷氨酸、羟脯氨酸 脯氨酸、丝氨酸、瓜氨酸
				非蛋白质含氮物：酰氨、氨基酸、尿素	
			碳水化合物	无氮浸出物	
				粗纤维	
			脂质	单纯脂质	
				复合脂质	
			维生素	脂溶性：维生素 A、维生素 D、维生素 E、维生素 K	
				水溶性：B 族维生素和维生素 C	
		无机物（矿物质或灰分）	必需矿物质	常量元素：钙、磷、镁、钠、钾、氯、硫	
				微量元素：铁、铜、锌、锰、碘、钴、硒	
			可能为必需矿物质：镍、钒、硅		
	水分				

时，蛋白质在能量代谢过程中，也可氧化分解产生热能，每克蛋白质在动物体内氧化时，可产生 17.15 kcal（1 kcal＝4.18 kJ）的热量。

当蛋白质缺乏时，狐狸消化机能就会受到影响，生长缓慢，体重减轻，繁殖功能紊乱，免疫力下降，组织器官结构和功能发生异常，严重影响动物的健康和生产。

蛋白质的基本结构单位是氨基酸，实际上蛋白质的营养也就是氨基酸的营养，随着对蛋白质营养理论研究的深入，小肽的营养也逐渐引起人们的重视。氨基酸按照是否能在体内合成，及能否满足动物营养需要被分为必需氨基酸和非必需氨基酸。目前研究认为，有 10 种氨基酸属于生长所必需氨基酸：即缬氨酸、苯丙氨酸、亮氨酸、色氨酸、异亮氨酸、赖氨酸、苏氨酸、组氨酸、蛋氨酸、精氨酸，前 8 种氨基酸为维持成年动物氮平衡所必需，而生长发育动物应增加组氨酸和精氨酸。

非必需氨基酸则是动物自身可合成，不必通过饲料供给就能满足机体需要，也是动物机体代谢所必需的，包括丙氨酸、脯氨酸、天冬氨酸、丝氨酸、胱氨酸、酪氨酸、谷氨酸、甘氨酸、羟脯氨酸、瓜氨酸。有几种非必需氨基酸，可以部分的代替必需氨基酸，并对毛皮动物有重要的生理功能。如胱氨酸严重影响毛皮质量，因此，一般把胱氨酸也列为狐狸的必需氨基酸。

饲料中必需氨基酸不仅种类应齐全，而且比例应适宜，否则即使蛋白质含量很高，也不会达到理想的生产效果。

狐狸的蛋白质饲料主要来源于动物性饲料。根据各种蛋白质饲料的氨基酸含量特点，进行合理搭配，发挥氨基酸互补作用，可以提高饲料的营养价值，如牛奶中的色氨酸、赖氨酸可补充玉米中的不足部分；肉类中的组氨酸、精氨酸可补充鱼类所不足的部分；大豆的赖氨酸可补充玉米中的不足部分等。这一原理在养狐生产中已取得良好效果。

在饲料中，有几种氨基酸，对毛皮动物有着重要的营养作用。

第一是色氨酸，色氨酸在体内代谢的主要途径是合成B族维生素烟酰胺。此种氨基酸不足，将使烟酰胺合成减少，毛皮动物生长停滞、皮肤粗糙、毛绒发育不良，严重影响毛皮质量。

另外，含硫氨基酸，也就是蛋氨酸、胱氨酸和半胱氨酸，对合成角蛋白（毛绒）和生产优质毛皮有重要作用，其中蛋氨酸是必需氨基酸，也是合成胱氨酸和半胱氨酸原料。当胱氨酸充分供给时，蛋氨酸需要量可以降低15%。在秋季和冬季毛绒生长期蛋氨酸供给可降低25%或更多。

再有，苯丙氨酸和赖氨酸，对幼龄毛皮动物的生长和毛皮色泽有良好改进作用。赖氨酸是合成体组织所必需的，是生长过程中重要氨基酸。苯丙氨酸在体内代谢形成酪氨酸，酪氨酸与黑素形成有关。因此，苯丙氨酸是毛生长期形成色素的间接原料。

狐狸对蛋白质的消化主要是消化道分泌的蛋白质消化酶对蛋白质的水解过程。蛋白质首先在胃中经受胃蛋白酶和盐酸的作用，部分蛋白质降解为多肽和少量游离氨基酸，这些分解产物连同未经消化的蛋白质一道进入小肠，在氨基酸肽酶作用下，消化为游离氨基酸和少量的肽。其中，胰蛋白酶（胰液）在蛋白质消化过程中发挥重要作用。未经消化的饲料蛋白质经由大肠以粪的形式排出体外。狐狸主要以氨基酸的形式在小肠，主要在十二指肠吸收利用蛋白质。

肝脏是氨基酸代谢的主要器官，在肝脏内游离氨基酸可以合成各种组织蛋白。氨基酸被吸收进入血液循环后，可被体内不同组织细胞迅速地吸收并利用，用于各种组织的生长和更新；未被利用合成组织蛋白的游离氨基酸经氧化脱氨基作用，可转化为生糖氨基酸和生酮氨基酸，然后转化为葡萄糖和三磷酸甘油酯作为能源被利用。未被利用的多余游离氨基酸，经氧化脱氨基作用，形成尿素排出体外。

2.脂质

主要由碳、氢、氧三种元素组成的有机化合物，是构成机体的重要成分之一。脂质是由脂肪(真脂肪)和类脂肪组成。各种植物性和动物性饲料中都含有脂质，脂肪是由脂肪酸、甘油及含氮物质等结合而成。脂肪酸根据其化学性质可分为饱和脂肪酸和不饱和脂肪酸。

脂肪和类脂肪在营养中的主要作用：

(1)脂肪是动物体组织和细胞组织的重要组成成分　各种组织如肌肉、神经、骨骼、血液等组织中都含有脂肪，主要为卵磷脂、脑磷脂、糖脂、胆固醇。各组织的细胞膜、核膜、线粒体膜等都是由脂肪和蛋白质按照一定的比例组成。

(2)供给能量　脂肪是动物体能量主要来源，也是能量最好的贮存形式。1 g 脂肪在体内完全氧化，可产生 38.91 kcal 的热量。是同等重量蛋白质和碳水化合物的 2.25 倍。

(3)促进脂溶性维生素吸收　脂溶性维生素 A、维生素 D、维生素 E、维生素 K 及胡萝卜素等必须在脂肪中才能溶解，被消化、吸收和利用。如果饲料中脂肪含量不足或长期缺乏，就会引起脂溶性维生素的缺乏症，出现代谢障碍。

(4)供给动物必需脂肪酸　必需脂肪酸是指必须由饲料中供给，动物体本身不能合成的，具有几个双链的不饱和脂肪酸，如十八碳二烯酸(亚油酸)、十八碳三烯酸(亚麻油酸)、二十碳四烯酸(花生油酸)等，对幼狐狸具有重要作用。当缺乏必需脂肪酸时，皮肤细胞对水的通透性增强，从而导致因水代谢紊乱而引起水肿和皮肤病变。皮脂腺的分泌和维生素 B_6 的合成产生障碍，毛皮动物出现表皮角化、皮肤干燥，以及毛绒脱色等现象。另外在狐狸的繁殖过程中，必需脂肪酸也具有重要作用，公狐狸精子的形成、母狐狸的不孕症以及授乳过程障碍等，都与必需脂肪酸缺乏有关。

3.碳水化合物

是由碳、氧、氢三种元素构成的有机化合物，它可分为无氮浸出物和粗纤维两大类。无氮浸出物包括单糖、双糖、多糖三种，在狐狸消化道内均可转化为单糖而被吸收；粗纤维则不能被狐狸消化吸收。但纤维素可使食团松散，有刺激胃肠蠕动和分泌消化液的作用，从而有助于饲料的消化吸收。一般在狐狸日粮中每只喂10～15 g麸皮，可提高饲料的消化率。

碳水化合物营养作用：

(1)提供能量　碳水化合物是体内主要热能来源，在体内进行生理氧化，产生热能，保持体温和维持各种生命活动。

(2)节约蛋白质抗生酮　碳水化合物能调节毛皮动物脂肪代谢，防止酮体过多，这对以动物性饲料为主的毛皮动物来说非常重要。当日粮中碳水化合物缺乏时，机体只有依赖肉类和鱼类饲料中蛋白质和脂肪来维持其能量代谢，由于大量分解脂肪和蛋白质，在体内形成超过生理忍耐范围的氧化不完全产物——酮体，并在血液中蓄积。酮体呈酸性，蓄积超过一定浓度后，使尿中酮体的排泄量增加，产生酸中毒现象。

(3)转化为体脂肪贮存　当饲料中碳水化合物含量较大时，一部分可转为肝糖原和肌糖原，而贮存于肝脏和肌肉中；另一部分可转化为体脂肪，增加体脂肪贮备。

(4)合成乳脂、乳糖碳水化合物是合成乳脂、乳糖的重要原料。毛皮动物主要是利用葡萄糖合成乳糖，而乳脂主要是利用血液中的葡萄糖。因此，在毛皮动物日粮中，应供给充足的碳水化合物，尤其是在泌乳期，供给充足的碳水化合物，可使泌乳量高峰期延长。同时避免母狐狸体重下降。

(5)参与构成重要生命物质　碳水化合物在体内参与重要生命物质的形成，如核糖核酸(RNA)和脱氧核糖核酸(DNA)都含有五碳醛糖。糖蛋白含有氨基己糖，氨基多糖是由氨基己糖或其衍生物与糖醛酸构成的长键物质，实际上是一种黏多糖，它可维持细胞间质和结缔组织中的黏结性。糖脂是神经组织的重要成分。

(6)合成非必需氨基酸　碳水化合物的一些中间产物可与氨基酸结合，弥补体内氨基酸消耗。

4.水

水是构成生命的基础物质之一，任何生物离开了水就不可能生存，一切生物化学、生理反应以及新陈代谢都是在水的参与下进行的。因此，维持动物体内水分至关重要。动物缺水比缺乏食物更容易死亡，特别是在炎热季节或运输中尤需注意。

水的营养作用：

(1)有助于饲料消化　饲料进入口腔后被咀嚼，口腔分泌唾液，胃、肠道分泌胃液、肠液等，使水分与饲料充分混合形成食糜，有助于食物的消化。

(2)参与化学变化　水是动物体内一种溶剂，各种物质只有在溶解状态下，才能进行各种化学反应。

(3)营养物质运送及废物排出　在动物体内，水是重要的运输工具。动物从饲料中摄取的营养物质溶解于水，经过消化吸收后被运送到机体各个部位，供细胞、组织、器官利用，而新陈代谢过程中产生的废物也在溶于水后被输送到皮肤、肠、肺脏及肾脏等部位，变成汗、粪、气、尿等排出体外。

(4)调节体温　调节动物体温是水的一个重要生理功能。机体通过皮肤、呼吸道、尿道、肛门等器官的蒸发或排泄达到散放体热或保存体热，从而保持体温恒定，不至因为天气炎热而体温上升或天气寒冷而体温下降，对维持机体正常生理机能活动有重要意义。

(5)维持动物体型　动物的体型、外貌同样与水密不可分，健康的动物都具有其正常的体型体貌，皮肤具有弹性，膘度丰满。

(6)在体内具有特殊作用　动物体内各部位骨骼、韧带的活动,各种脏器间的运动都会产生相互间的摩擦,需要不同的液体进行润滑。

5.维生素

维生素对毛皮动物而言既不是能量来源,也不构成机体的组织和器官,但它却是动物体不可缺少的一种特殊物质,只需少量即可维持机体正常的代谢、繁殖和生存。维生素作为酶类结构的一部分,参加体内各种新陈代谢。当体内缺乏维生素时,新陈代谢的正常进行就要受到破坏,尤其是肉食性的毛皮动物对维生素缺乏更为敏感,因为它们合成维生素的能力很低,加之动物性饲料在保存或加工的过程中维生素又易遭到破坏或损失。

随着科技发展,现已发现30余种维生素,较全面了解的15种维生素已可以人工合成。现在毛皮动物所需维生素,都可用合成品作为饲料添加剂加入动物饲料中饲喂。维生素按其溶解性可分为脂溶性和水溶性两大类。脂溶性维生素包括维生素A、维生素D、维生素K、维生素E,水溶性维生素包括B族维生素和维生素C。现分别对其功能进行介绍。

(1)维生素A(俗名抗干眼病维生素) 维生素A是包括所有具有视黄醇生物活性的物质,即动物性饲料来源的维生素A_1和维生素A_2,植物性饲料来源的β-胡萝卜素及其他类胡萝卜素(已知至少10种以上)可转化为维生素A,故称为维生素A原。狐狸缺乏将维生素A原转化为维生素A的能力。因此,必须由饲料中供给维生素A。

营养功能:维生素A是形成视紫质的前体,是维持正常视觉所必需的。对上皮的正常形成、发育与维持十分重要。当缺乏维生素A时,会发生表皮和黏膜上皮角质化(包括呼吸道、消化道、泌尿道、生殖道等),严重影响繁殖力、毛皮品质及抵抗疾病能力。维生素A有助于细胞增殖与生长,是动物机体生长的要素。另外,维生素A与骨骼的发育、神经系统的功能等也有一定关系。

(2)维生素D(抗佝偻病维生素、骨化醇)　维生素D是所有具有胆钙化醇生物活性的物质总称。现在已知有10余种不同形式结构的维生素D,但最重要是维生素D_2和维生素D_3。维生素D_2由麦角固醇(存在于酵母饲料中)经日光中紫外线照射转化而成;维生素D_3系动物皮肤中的7-脱氢胆固醇在紫外线照射下转化而成。因此,狐狸除了从饲料中获得维生素D外,保证充足光照对防止维生素D缺乏也是必要的。维生素D营养功能:

①促进肠道对钙、磷的吸收,提高血液中钙和磷的水平,促进骨与软骨的钙化,维持钙、磷正常代谢。维生素D经过肝脏、肾脏代谢后,主要转化为1,25-$(OH)_2$-D_3,它是维生素D的一种真正活性成分,其作用类似类固醇激素。当体内血钙过低时,在甲状腺激素作用下,1,25-$(OH)_2$-D_3合成增多,促进钙结合蛋白的形成,从而促进钙的吸收,间接也促进磷的吸收。

②促进钙、磷在肾脏的重吸收,减少流失。

③维生素D对钙、磷的供求量有调节作用,这对母狐狸妊娠、泌乳及幼狐狸的生长发育都具有重要意义。

幼狐狸容易缺乏维生素D,产生佝偻病。

(3)维生素E(抗不育维生素,生育酚)　主要由一类化学结构相似的酚类化合物组成,在自然界中目前已知至少有8种,其中以α-生育酚的效力最高,分布最广。维生素E营养功能:

①抗氧化作用。维生素E是一种强抗氧化剂,能抑制细胞内和细胞膜上的脂质过氧化,保护细胞免受自由基的损害,保证细胞和细胞内部结构的完整,防止某些细胞及其成分遭到破坏。同时维生素E能防止维生素A、维生素C和三磷酸腺苷(ATP)的氧化,保证其发挥正常生理作用。

②维生素E与雄性动物的精子形成及雌性动物的繁殖力有重要关系。维生素E在免疫系统的发育和功能方面也具有一定作用。

另外，据研究显示，维生素 E 与脱氧核糖核酸(DNA)合成，抗坏血酸、血红蛋白合成也有一定关系。

毛皮动物饲料中，鱼类脂肪、植物油、禽类油脂等，富含不饱和脂肪酸，极易氧化酸败，从而引起脂溶性维生素和 B 族维生素破坏，如添加维生素 E 可以减缓维生素破坏。

当动物体内维生素 E 缺乏时，动物繁殖机能紊乱，雄性动物睾丸变性，生精小管萎缩，精子数量少，活力差，畸形多。雌性动物可能导致发情延迟、不孕、妊娠中断或胚胎重吸收，产仔数量下降，失去正常生育功能，肌肉营养不良等。

(4)维生素 K(抗出血维生素)　是一类醌类化合物。天然存在的维生素 K 活性物质有叶绿醌(存在于植物)和甲基萘醌(维生素 K_2，由肠道微生物合成)，人工合成的维生素 K 种类较多，以维生素 K_3 的活性最强。

维生素 K 营养功能：目前所知，维生素 K 不像前三种脂溶性维生素那样具有较广泛的功能，它主要参与凝血活动，是凝血酶(因子Ⅱ)、斯图尔特因子(因子 X)、转变加速因子前体(因子Ⅶ)的激活所必需的。维生素 K 缺乏，凝血时间延长。

依赖维生素 K 的羧化酶系统，除对凝血有重要作用外，也与钙结合蛋白质的形成有关。

多数成年毛皮动物，通过肠道微生物合成维生素 K，能保证机体的需要。但是，当胃肠机能紊乱或长期服用抗生素药物时，能抑制肠道中微生物活动与繁殖，使合成维生素 K 的量减少。

一般在妊娠母狐狸和泌乳母狐狸饲料中添加维生素 K 是必要的。

下面谈一下水溶性维生素。目前已确定的水溶性维生素共有 10 种，另有几种没有完全确定。

(5)维生素 B_1(硫胺素)　硫胺素由一分子嘧啶和一分子噻唑通过一个甲基桥结合而成，含有硫和氨基，故称硫胺素。硫胺素营养功能：

①硫胺素在细胞中的功能是作为辅酶参与 α-酮酸的脱羧而进入糖代谢和三羧酸循环。因此，硫胺素的主要功能是参与碳水化合物代谢，动物对其需要量与碳水化合物的摄入量有关。维生素 B_1 还可以促进碳水化合物合成体脂。

②硫胺素参与脂肪酸、胆固醇和神经介质乙酰胆碱的合成，影响神经节细胞膜中钠离子的转移，降低磷酸戊糖途径中转酮酶的活性而影响神经系统的能量代谢和脂肪酸的合成。因此，维生素 B_1 能防治动物的多发性神经炎和脚气病，因为多发性神经炎和脚气病都是由神经系统发生变化而产生的。

③维生素 B_1 对幼龄动物的生长发育、食欲、胃肠道的正常蠕动和消化液的分泌等都有重要作用。

出现维生素 B_1 缺乏的典型症状是多发性神经炎，也可伴有食欲不振和消化不良等。

利用淡水鱼饲喂毛皮动物，极易引起维生素 B_1 的不足，原因是它们含有破坏维生素 B_1 的硫胺素酶。海产的鱼类有少数几种含有硫胺素酶，淡水鱼类多含有这种酶，但硫胺素酶不耐热。因此，在煮过的鱼中加硫胺素，可以预防维生素 B_1 不足。

(6)维生素 B_2(核黄素)

营养功能：

①核黄素在动物体内与蛋白质、脂肪、碳水化合物的代谢有密切关系，它构成某些酶的辅基，参与生物氧化过程。

②核黄素在体内与三磷酸腺苷作用，转化为核黄素 5-磷酸，在细胞代谢、呼吸反应中起控制作用，是构成核黄蛋白的必要成分，而核黄蛋白分布于每一个活细胞中，是营养呼吸作用所必需的。

③保持动物体健康，核黄素不仅是幼龄动物生长所必需，也是成年动物维持健康的要素。

夏季毛皮动物（尤其是食肉性毛皮动物）易患的肝脂肪变性病，与饲料中缺少维生素 B_2 有关。现已肯定，缺乏维生素 B_2，毛皮动物对链球菌和葡萄球菌的抵抗力降低，容易感染脓肿。

在毛皮动物饲养的生产实践中，当利用高脂肪低蛋白的日粮，特别是利用鱼粉或鱼的废弃物（头、骨架、内脏等）以及痘猪肉时，容易患维生素 B_2 缺乏症。所以，日粮中脂肪含量高时，要增加维生素 B2 的供给量。另外，处于妊娠和哺乳期对维生素 B_2 的需要量也较高，亦应提高其供给量。

（7）维生素 B_6　又称氨基酸代谢维生素，包括三种天然存在且性质相近的，均具有维生素 B_6 活性的化合物，即吡哆醇、吡哆醛、吡哆胺。吡哆醇主要存在于植物性饲料中，而吡哆醛、吡哆胺主要存在于动物性饲料中，这三种化合物在体内可以互变。

营养功能：维生素 B_6 在体内被磷酸化以后，以辅酶形式（磷酸盐）参与许多酶系代谢。目前已知有 60 余种的酶依赖磷酸吡哆醛，主要作用有转氨、脱酸、脱氢、转硫以及不饱和脂肪酸和糖原代谢等。

维生素 B_6 基本上都与氨基酸代谢有关。因此，维生素 B_6 缺乏主要表现为生长发育受阻。缺乏维生素 B_6 时，母狐狸的空怀率和仔狐狸的死亡率增高，公狐狸无精子，性机能消失，睾丸显著缩小并变性，仔狐狸生长发育缓慢。健壮公狐狸尿结石也与维生素 B_6 缺乏有关。

（8）叶酸　叶酸是抗贫血因子。其营养作用是：

①叶酸对细胞分裂与生长有特别重要的作用。

②为氨基酸及其他重要物质的转化、合成所必需，例如苯丙氨酸形成酪氨酸，半胱氨酸形成蛋氨酸等的过程都必须有叶酸的参与。因此，叶酸在蛋白质合成过程中有着非常重要的作用。

③叶酸为红细胞中血红蛋白生成以及红细胞成熟所必需。

（9）维生素 B_4（胆碱）　胆碱是构成卵磷脂的成分，分布于动物体内所有组织细胞。胆碱有3个不稳定的甲基,可与同型半胱氨酸构成蛋氨酸,而蛋氨酸的甲基也可与胆胺合成胆碱。

营养功能:胆碱作为卵磷脂的成分参与脂肪代谢,在肝脏的脂肪代谢中,胆碱起着重要作用,既形成卵磷脂而转移,同时又可增加脂肪酸的利用,使肝脏排出过多脂肪而贮存肝糖,改善肝脏总体状况,使其不致产生脂肪肝,故又将胆碱称为"抗脂肪肝因子"。同时胆碱的衍生物乙酰胆碱与神经冲动的传导有关。

(10)泛酸　也称遍多酸,又名抗皮炎素。

营养功能:泛酸在动物体内与蛋白质形成复合物,是辅酶A的组成部分。辅酶A是酰基转移酶的辅酶,在脂肪、蛋白质、碳水化合物代谢中均起着重要作用。泛酸不足时影响辅酶A的合成,使机体许多代谢过程发生紊乱。

缺乏泛酸可出现多种不同的症状,如生长、发育、繁殖、神经系统及消化代谢障碍。

妊娠期日粮中含有充足的维生素B_3,可提高母动物的繁殖力和仔动物的生活力。实践证明,大量饲喂鱼粉、煮熟的肉类和谷物,同时缺乏酵母等含维生素B_3的其他饲料时,会给妊娠母动物带来危害。当冬毛生长期机体缺乏维生素B_3时,能使毛绒变成灰白色或白色。

(11)生物素　生物素曾被称为维生素H,其化学性质稳定,不易受酸、碱、光线的破坏。

营养功能:生物素在动物细胞中呈游离状态或与蛋白质相结合,对各种有机物质的代谢均有影响,尤其是对脂肪代谢。

当毛皮动物日粮中有一定量的生蛋白(如各种鸟卵、豆类、生豆饼等)时,因其中含有抗生物素蛋白,会使进入肠道的生物素变得不溶于水,也不易被动物体消化吸收。对于长期贮存(冰冻贮存)的动物性饲料,因脂肪氧化会影响动物对生物素的利用。

(12)烟酸　又叫尼克酸,或叫抗癞皮病维生素。它以烟酰胺的形式发挥作用，烟酰胺是辅酶Ⅰ和辅酶Ⅱ的组成成分，都是脱氢酶的辅酶，为生物氧化的递氢体，参与碳水化合物、脂肪和蛋白质的能量释放，是一系列氧化—还原反应的递氢者和受体。

以玉米为主饲料的地区易发生烟酸缺乏症。缺乏时，出现食欲减退、皮肤发炎、被毛粗糙等症状。

(13)维生素 B_{12}（抗恶性贫血维生素，钴胺素） 在毛皮动物机体中，维生素 B_{12} 具有多方面的生理作用，其主要的功能是调节骨髓的造血过程，与红细胞的成熟有密切关系。

肉食性毛皮动物的日粮中肉、鱼类饲料占绝大部分。因此，含有较多的维生素 B_{12}，基本能满足机体的需要。但当谷物量加大，或者机体患病影响了肠道吸收时均会发生不足。缺乏维生素 B_{12}，表现为贫血，可视黏膜苍白，消化不良，肝脂肪变性，食欲丧失。妊娠期日粮中缺乏维生素 B_{12}，仔狐狸的死亡率增高，母狐狸食仔现象增加。

在毛皮动物的幼龄生长期，日粮中添加维生素 B_{12}，对生长发育有明显的促进作用。如果在补喂维生素 B_{12} 的同时饲喂抗生素，效果更明显。

(14)维生素 C 又称抗坏血酸。

营养功能：维生素 C 及其氧化产物——脱氧抗坏血酸，在生长细胞的各种氧化还原反应中起作用。维生素 C 在动物体内是作为酶的激活剂、物质还原剂，还参与激素合成。维生素 C 参与细胞间质中胶原的生成及氧化还原反应。维生素 C 作为还原剂，可促进钙、铁和叶酸的吸收利用。

母狐狸妊娠期，由于胎儿迅速发育，应加大维生素 C 供给量，否则初生仔狐狸容易患红爪病。另外，在毛皮动物发生传染病时，全群投给维生素 C 和葡萄糖，具有增强抵抗力，强心和解毒的作用。

6.矿物质元素

在动物体内,除去碳、氢、氧、氮以外的元素被称为矿物质,矿物质是无机盐与微量元素的总称。一般按占动物体的多少,又可分为常量元素和微量元素,常量元素一般可占动物体总重量的1/10 000 以上(每天需要量大于100 mg)的元素,如钙、磷、钾、钠、氯、硫、镁等;而占动物体总重量 1/10 000 以下(每天需要量小于100 mg)的元素,称为微量元素。

(1)矿物质在动物体内功能主要包括以下几方面:

①机体组织的重要成分　钙、磷、镁是骨骼和牙齿的重要成分,硫和磷也是构成机体内某些蛋白质的成分。

②维持组织细胞的渗透压　钠、钾、氯、镁离子与蛋白质共同维持各种组织的渗透压,在体液移动和贮留中起重要作用。

③维持体内的酸碱平衡　硫、磷、氯等酸性离子和钾、钠、钙、镁碱性离子共同调节体内的酸碱平衡。

④维持神经、肌肉的敏感性和细胞膜的通透性 各种离子都对神经、肌肉具有一定的兴奋性,特别是钾、钠、钙、镁离子。

⑤构成体内生理活性物质　如血红蛋白和细胞色素系统中的铁,甲状腺素中的碘,单胺氧化酶中的铜等。

⑥构成酶系统活化剂　如磷酸酶需要镁,碳酸酐酶需要锌,细胞色素氧化酶需要铁和铜的激活。

(2)除以上作用外,矿物质还参与糖类代谢和水代谢等。现就常量元素和微量元素功能分别加以说明。

①钙(Ca)　形成和维持骨骼、牙齿的形态和结构。钙一般占动物体重的2%左右,其中99%集中于骨骼和牙齿中。存在于软组织、细胞外液和血液中,以离子钙、复合物及与蛋白质结合钙的形式发挥生理作用。参与血液凝固过程。钙与维生素 K 和蛋白作用,使可溶性的纤维蛋白原转化为纤维蛋白,形成凝血。维持细胞的正常生理状态。钙在动物体内参与肌肉收缩、神经兴奋、兴奋

的传导以及精子和卵子的激活和受精过程。

②磷(P) 磷是骨骼、牙齿的组成原料。动物体内含磷量为体重的1%左右。是动物软组织及生理活性不可缺少的物质,磷除了与钙结合于骨中以外,15%～20%分布于全身细胞中。磷是核酸、蛋白质、磷脂等的重要成分,也是高能化合物单磷酸腺苷(AMP)、二磷酸腺苷(ADP)、三磷酸腺苷(ATP)以及其他细胞代谢的成分。

③钾(K) 钾在动物体内90%左右分布于细胞中,钾是细胞内的阳离子。动物红细胞中的阳离子80%左右为钾离子,它们在体液的酸碱平衡及渗透压调节上共同起作用。参与机体蛋白质和糖代谢。钾离子对神经、肌肉的兴奋性有增进和减弱的双向作用。

④钠(Na) 钠是血浆和其他细胞外组织液中的阳离子,它与钾共同参与体液酸碱平衡和渗透压的调节,使动物体内维持正常的酸碱度。对维持神经、肌肉正常性及神经冲动传导具有重要作用。

⑤氯(Cl) 氯主要以阴离子状态存在,与钠离子一起参与细胞外渗透压的调节,维持体内酸碱平衡。是胃液的主要成分,氯与氢结合构成盐酸,促使进入胃中蛋白质变性,以利于进一步消化。另外与唾液中的α-淀粉酶结合后使其活性增加,提高α-淀粉酶对食物的消化能力。

⑥镁(Mg) 镁也是构成骨骼、牙齿的成分之一。骨骼中镁的含量占体内总量的80%,其余则分布于肌肉、血液等体组织和体液中。是动物体内许多酶的激活剂,对磷酸转化酶类、脱羧酶类和酰基转化酶类的激活都有特别重要作用。与钙离子共同维持心肌、骨骼肌和神经组织的活性。

⑦硫(S) 硫主要以有机形式存在于蛋氨酸、胱氨酸及半胱氨酸中,维生素中硫胺素和生物素也含有硫,其他体内的含硫物质有含硫黏多糖、硫酸软骨素及谷胱甘肽等。硫的生理作用是通过

体内含硫氨基酸来实现的，含硫氨基酸在动物体内参与体蛋白、被毛及多种激素的合成。胰岛素中含有硫，从而促进葡萄糖转化为肝糖。

⑧铁(Fe)　铁是动物体必需的重要微量元素，动物体内含铁量约为0.004%。

铁在毛皮动物体内大部分与蛋白质结合，形成血红蛋白与肌红蛋白，同时也是细胞色素和某些呼吸酶的必要成分。动物体内有微量铁与血浆球蛋白结合，随着血液的流动供应全身各部组织需要。毛皮动物饲料中缺铁或发生铁的吸收障碍，将会出现贫血，严重时会影响色素在毛绒中沉积。

⑨铜(Cu)　铜在动物体内分布于所有组织和细胞中。

铜主要以酶的形式存在于动物体内并发挥作用，如细胞色素氧化酶、超氧化物歧化酶等。铜不是血红蛋白组成成分，但可促使血红蛋白的合成和红细胞的成熟。血浆铜蓝蛋白具有氧化活性，可增强动物机体抵御细菌侵袭的能力。参与色素的形成，皮肤和毛的色素沉着都需要铜的作用。参与维持骨组织的正常生长发育，能增强骨胶原的稳定性和强韧性。

⑩锌(Zn)　锌在动物体各组织中都有分布，但锌主要贮存于骨骼、肌肉、胃、肝脏中，毛发中锌的浓度高。锌参与多种酶的合成，如直接参与酶的生化反应，有碳酸酐酶。另外，锌也可作为酶结构一部分或参与酶活性调节。参与细胞内核糖核酸(RNA)及脱氧核糖核酸(DNA)的转化和蛋白质的合成，缺锌可使核糖核酸和脱氧核糖核酸合成受到抑制，氨基酸利用减弱，蛋白质合成减少。对动物皮肤、骨骼、毛皮的正常生长以及维生素A的代谢均有作用。对维持动物生殖器官的正常发育及生殖机能有重要的生理作用。

⑪锰(Mn)　锰是细胞内多种酶激活剂。在蛋白质、葡萄糖和脂肪氧化、磷酸化中锰均起激化作用。参与动物体内造血作用，它

与铜、铁吸收利用方面有一定关系。能增强动物体质，提高其抗病能力。

⑫钴(Co) 钴是动物体中维生素 B_{12} 的重要组成部分。因此，它的生理作用与维生素 B_{12} 的功能相似。钴可促进造血功能，而且在胚胎形成初期钴就参与造血过程。

⑬碘(Ⅰ) 碘主要参与甲状腺素的合成，而甲状腺素对能量、蛋白质、糖以及水、盐代谢都有重要作用。缺碘使成年雄性动物性欲减退，精液品质不良，不育，使母动物胚胎死亡，流产或产弱仔。幼龄动物缺碘则骨骼生长发育受阻，机体发育迟缓或停滞。成年哺乳动物会因缺碘而发生黏液性水肿，被毛、皮肤粗糙及性腺发育不良等。

⑭硒(Se) 硒的重要生理功能是构成含硒酶，如谷胱甘肽过氧化物酶。有促进免疫球蛋白生成的作用，能增强动物对疾病的抵抗力。硒在动物体内可使有毒金属砷、汞等失去活性。有助于维生素 E 的吸收利用。

第二节 狐狸的饲料种类及其利用

狐狸的饲料按其来源和功能分为动物性饲料、植物性饲料和添加剂。

一、动物性饲料

包括鱼类、肉类、鱼和肉类副产品，干动物性饲料，乳及蛋类饲料等。各种饲料营养成分见附表。

1.鱼类饲料

鱼类饲料是狐狸的蛋白质饲料主要来源之一。我国沿海地区及内陆的江河、湖泊和水库，每年出产大量的小杂鱼，均可以用来养狐狸。鱼根据大小和种类不同，其营养价值也不同，一般每

100 g 海杂鱼中平均含 10～15 g 可消化蛋白质，1.5～2.3 g 脂肪和 334.72～355.64 kcal 代谢能。鱼肉相对其他蛋白质饲料来说，蛋白质利用率高，而且氨基酸比例比较平衡。鱼脂肪中富含不饱和脂肪酸，所以比较容易酸败变质。鱼肉的矿物质含量丰富，尤其是磷的含量较高，钙、钠、氢、钾、镁等含量也较多。海产鱼类富含碘，鱼类也含有丰富的维生素，是核黄素和烟酰胺的良好来源，同时其肝脏中也含有丰富的维生素 A 和维生素 D。利用鱼做饲料时，最好利用杂鱼，这样可以利用蛋白质互补作用。

注意事项：

(1)海鱼类中的青皮红肉鱼类，如鲐鱼(鲐巴鱼)、竹荚鱼(刺巴鱼)等鱼类，肉中含有高量的组氨酸，经脱羧酶和细菌作用后，组氨酸脱羧基而产生组胺，组胺在动物体内会引起中毒。因此，要对青皮红肉鱼新鲜程度给予重视。不新鲜鲤鱼也存在同样问题。

(2)淡水鱼类多数含有硫胺素酶，利用淡水鱼饲喂狐狸时，多采用蒸煮方法来破坏硫胺素酶。

(3)在利用淡水鱼喂狐狸时，常年生喂，容易使狐狸感染华枝睾肝吸虫病。因此，养狐场每年最好对全群进行预防性驱虫。丙硫苯咪唑的驱虫谱很广，对狐狸体内很多寄生虫有效。

(4)葫芦籽鱼、黄鲫鱼、青磷鱼等含脂肪高，而且有特殊苦味，尤其是干鱼。因此，不易用量过多。

(5)新鲜的海杂鱼，可以全部生喂。但有些鱼，体表含有较多蛋白质黏液，对这些鱼应先用 2.5%盐水搅拌清洗，或用热水浸烫，去掉黏液后可提高适口性。

(6)鱼类含有大量的不饱和脂肪酸，在运输、贮存和加工过程中随时与空气中的氧发生反应，容易使脂肪酸败。因此，应控制好贮存条件。

(7)当狐狸的蛋白质饲料 100%来自鱼类时，应特别注意供给维生素 B 和维生素 E 的饲料，以预防维生素 B 和维生素 E 的缺乏。

2.肉类饲料

包括各种家畜、家禽和野生动物肉，只要新鲜、无病、无毒均可作为狐狸的饲料。该类饲料含有比例和数量比较适宜的全部必需氨基酸，同时，还含有脂肪、维生素和矿物质等营养成分。

肉类饲料是营养价值较高的全价蛋白质饲料。因此，要合理利用。在妊娠期、哺乳期和幼动物生长发育期，可以利用肉类饲料和其他饲料搭配，较好搭配比例(重量比)是：肌肉10%～20%，肉类副产品30%～40%，鱼类40%～50%。牛、马、骡、驴的肌肉，含脂肪少，适口性好。因此，狐狸日粮中动物蛋白可以100%来源于肉类，但由于成本问题，一般肉类不超过50%，一般占10%～20%较好。肉类必须经兽医卫生检疫合格后，才可以生喂，否则应进行高温无害化处理，以避免疾病发生。

肉类如果不及时冷冻，在25～37℃条件下，正适合肉毒梭菌繁殖产生毒素，如果狐狸喂了被肉毒梭菌污染的肉类，将会出现中毒事件。

利用痘猪肉喂狐狸时，应进行高温高压处理，去掉部分脂肪并与含脂肪低的鱼类等饲料配合，防止超过狐狸吸收能力。

另外，患伪狂犬病的猪肉，也应进行高温和高压处理，否则也容易诱发全群发病。

在用兔肉，尤其是野兔肉饲喂时，要注意是否患巴氏杆菌病。如患病，兔肉也必须熟喂。

在狐狸的繁殖期，严禁利用经己烯雌酚等激素处理的肉类，否则可能会引起狐狸生殖机能的紊乱，影响配种、受胎和产仔。

3.鱼、肉类副产品饲料

鱼、肉类副产品是狐狸的动物性蛋白质来源一部分，它除了含有蛋白质外，还含有丰富的钙、磷。这类饲料除了肝脏、肾脏、心脏外，大部分蛋白质消化率低，生物学价值也不高，原因是由于矿物质和结缔组织含量高或某些必需氨基酸含量过低、比例不当而造成的。

(1)鱼类副产品　沿海地区和水产制品厂有大量的鱼头、鱼骨架、内脏及其他下脚料。新鲜鱼骨架可以生喂,繁殖期喂量不能超过日粮中动物性饲料的20%,幼狐狸生长期和毛皮发育期可增加到40%。新鲜程度较差的鱼类副产品应熟喂,也可烘干粉碎后饲喂,以占日粮30%左右为好。

(2)畜、禽、野生动物的肉类副产品　畜、禽、野生动物的肉类副产品包括头、蹄、骨架、内脏和血液等,这些副产品已广泛应用到狐狸的饲料中,用量占狐狸日粮动物性饲料的40%～50%,对种狐狸的繁殖性能,幼狐狸生长和发育及毛皮质量无不良影响。

①肝脏　肝脏蛋白质生物学价值高,含有全部必需氨基酸,含有多种维生素和微量元素,特别是维生素A和维生素B_{12}以及铁等含量丰富。

各种动物肝脏饲喂时,首先应摘去胆囊。健康动物新鲜的肝脏,可以生喂;对来源不明,新鲜程度较差或可疑污染的肝脏,必须熟喂。由于肝脏有轻泻作用,饲喂量不可过高,一般日喂量为15～30 g,最高喂量不宜超过50 g。

②心脏和肾脏　二者也是优质蛋白质饲料,含有较多的维生素和微量元素,健康新鲜可生喂。对肾上腺在狐狸的繁殖期不易饲喂,防止发生繁殖机能紊乱。

③胃　由于牛、羊和兔等动物的胃蛋白质不全价,生物学利用率低。因此,需与肉类或鱼类饲料搭配使用。新鲜健康的牛、羊胃可以生喂,而猪、兔的胃必须熟喂。

④肺脏、肠、脾脏和子宫　动物的肺脏、肠、脾脏虽然生物学价值不高,但已广泛应用到毛皮动物养殖上,使用时应与肉类、鱼类饲料等混合搭配,可以取得良好的生产效果。

肺脏含较多的结缔组织,不易消化,且蛋白质生物学价值较低。

各种动物的肠管都可作为毛皮动物的饲料，但肠系膜含脂肪较多，喂前应摘除，否则影响适口性。肠管蛋白质的某些必需氨基酸含量低。因此，应与其他动物性饲料搭配饲喂。

脾脏也不能单独作为动物性饲料，因为它不易消化，具有轻泻作用，可以在幼狐狸生产发育期大量利用。配种期一般不要利用这些副产品，以防因含某些种类的激素而造成生殖紊乱。

肺脏、肠、脾脏和子宫等副产品做毛皮动物的饲料时，必须采取熟喂的方式，生喂易引起某些疾病，给生产带来损失。

⑤血液和脑　动物血液含有较高蛋白质、脂肪和丰富的无机盐类（铁、钠、钾、氯、钙、磷、锌等），尤其是含有丰富的含硫氨基酸，对绒毛生长有利。血液如果是取自屠宰后不超过 5～6 h，而且健康的动物，就可以生喂（猪血除外）。在繁殖期喂量可占日粮动物性蛋白质 10%～15%；幼龄动物生长发育期占 30%左右。喂量过多，由于无机盐轻泻作用，能引起毛皮动物腹泻。不新鲜的血液采取熟喂的方式。

动物的脑含蛋白质丰富，而且蛋白质生物学价值很高，不仅含有全部必需氨基酸，同时还含有丰富的脑磷脂。因此，对生殖器官的发育有一定的促进作用。如果有条件，在狐狸的配种期可以饲喂一些，狐狸每天喂 6～9 g 为好。

(3)软体动物　包括河蚌、赤贝和乌贼类等，除含有蛋白质外，还含有丰富的维生素 A 和维生素 D。据分析，去壳的生蚌肉含蛋白质 6.8%、脂肪 0.8%、无氮浸出物 4.8%、灰分 1.5%。软体动物蛋白质属硬蛋白，消化率低，并含有硫胺素酶，所以应采取熟喂方式并限量。一般熟河蚌肉或赤贝占动物性蛋白质的 10%～15%，最大喂量不超过 20%，在幼龄动物的生长发育期可以广泛地采用。

河虾和海虾也可以作为狐狸的饲料，但由于含有过多角质化蛋白，因此消化率低，用量不应超过日粮中动物性饲料的20%。

4.干动物性饲料

干动物性饲料优点是便于运输、贮存，同时可以满足鱼、肉生产淡季或缺少饲料资源地方对动物性饲料的需求。干动物性饲料原料品种较多，常用的有鱼粉、肉骨粉、血粉、肝渣粉、羽毛粉及蚕蛹粉等。

(1)鱼粉　分为海鱼鱼粉和淡水鱼鱼粉，实践中又习惯分为优质鱼粉和普通鱼粉。优质鱼粉是以优质鱼为原料，采用现代加工设备和工艺生产的，营养丰富，有效成分损失少；普通鱼粉加工原料主要以水产品加工厂的副产品，如鱼骨、鱼头和鱼的其他废弃物加工而成，一般灰分含量较高、蛋白质含量低。总之，鱼粉由于产地、加工方法和原料来源的不同，其质量差别较大。在生产中对新购的鱼粉要经过检测后使用，一般都要对蛋白质和含盐量进行检测，含盐量高的鱼粉，就减少用量或水洗后饲喂，这样才比较安全和有效。同时也应注意鱼粉掺假的问题。

狐狸最适宜饲喂灰分不高于20%，或粗蛋白质不少于50%(即消化率不低于40%)，脂肪不高于10%，含盐量不超过5%的鱼粉。鱼排、鱼头和鱼的其他废料加工的鱼粉，灰分含量常超过22%，这样的鱼粉，蛋白质消化率低，营养价值不高，不适宜喂狐狸。饲喂优质鱼粉，夏季狐狸和北极狐可占动物蛋白的70%，冬季可占30%～50%，其余必须喂鲜鱼和肉类副产品。

鱼粉易受潮发生霉变，甚至发臭，所以在运输、贮藏过程中，一定要注意防潮并防止鼠害，使用前应注意检查。好的鱼粉必须松散，没有团块，颜色要浅灰色或淡黄色，具有特殊的鱼香味。

(2)干鱼　在鲜鱼生产淡季或动物性饲料难以获得地区，可以应用干鱼来养狐狸。干鱼特点是体积小，发热量高，但消化率低，而且在晾制过程中，一些必需氨基酸、脂肪酸和维生素可能受到一定程度的破坏。因此，饲喂量一般可占动物性饲料的70%～

75%,个别时期可达到100%,但前提是干鱼晾制前后一定要新鲜,防止腐烂变质。

干鱼在喂狐狸时,尤其是在配种、妊娠、泌乳等关键时期,应搭配适当比例鲜动物性饲料,同时增加一些酵母、维生素 B_1、鱼肝油和维生素A、维生素E等的供给,这样才可以达到理想效果。

在不同时期,喂干鱼可参考表5-2。

表5-2 以干鱼为主的狐狸日粮

饲养时期	占动物性饲料的重量比(%)			
	干鱼	肝脏	肉类	乳类
配种期	70～80	10	10～20	—
妊娠期	70～75	5～10	10～15	5
哺乳期	75～80	5～10	10～15	5
恢复期	80～85	—	5～10	10

干鱼在晾制时,往往加入一定比例食盐,因此,咸干鱼在饲喂时要经过浸泡(冬季2～3 d,每天换水2次;夏季1 d,换水3～4次,淡干鱼浸泡12 h)之后与其他饲料混合调制。

(3)肝渣粉 生物制药厂利用牛、羊、猪的肝脏提取维生素B和肝浸膏等副产品,经过干燥粉碎后就是肝渣粉。其营养物质含量为:水分7.3%左右,粗蛋白质65%～67%,粗脂肪14%～15%,无氮浸出物8.8%,灰分3.1%。肝渣粉可以与其他动物性饲料搭配喂毛皮动物。在利用肝渣粉时,冬季要用清洁的水浸泡12～15 h,夏季浸泡5～6 h,然后用水煮沸,经过软化处理后,能提高其消化率。因为肝渣粉不易消化,所以喂量过大能引起腹泻,一般在繁殖期可占动物性饲料的8%～10%,幼龄动物育成期和毛绒生长期占20%～25%。

(4)血粉 血粉是由畜禽屠宰厂收集到的动物血加工干燥而制成,其粗蛋白质含量在80%以上,高于鱼粉、肉粉。血粉中赖氨酸、色氨酸含量很高，但所含氨基酸平衡性差、适口性差及消化率低，一般日粮中应控制在3%～7%。

(5)肉骨粉　由家畜躯体、骨头、胚胎、内脏及其他废弃物制成，也可用非传染病死亡的动物胴体制成。肉骨粉的营养价值很高，据分析，粗蛋白质的含量为54%～56%，粗脂肪为5%～7%，赖氨酸3%～6%，同时含烟酸、维生素B_{12}丰富。一般在毛皮动物日粮中可占动物性蛋白质的20%～25%。

(6)羽毛粉　羽毛粉由各种家禽的新鲜羽毛以及不适宜作羽绒制品的原料制成。近年来，羽毛粉加工技术不断改进，如膨化羽毛粉等，使其蛋白质消化率大大提高。在毛皮动物日粮中可代替部分鱼粉，添加量一般为4%～7%。

(7)蚕蛹粉　是一种高蛋白动物性饲料，氨基酸含量丰富，同时含有大量的不饱和脂肪酸，但所含无机盐和维生素较少，而且它也含有毛皮动物不能消化的甲壳质，故用量不宜过多，一般可占日粮5%左右。同时应补充无机盐、维生素A及维生素D、维生素E和维生素C。

5.乳及蛋类

乳品和蛋类是比较全价的蛋白质饲料，含有全部的必需氨基酸，而且各种氨基酸的比例与毛皮动物营养需要相似，同时非常容易消化吸收。另外，还含有营养价值很高的脂肪、多种维生素及易于吸收的矿物质。

(1)鲜乳　牛乳和羊乳是毛皮动物繁殖期和幼龄动物生长发育期的优良蛋白质来源，在日粮中加入一定量的鲜乳，可以提高日粮的适口性和蛋白质的生物学价值。在母动物妊娠期的日粮中加入鲜乳，有自然催乳的作用，可以提高母动物的泌乳能力和促进幼龄动物的生长发育。

鲜乳是细菌生长的良好环境，极易腐败变质，特别是夏季高温季节，如果不及时消毒，放置4～5 h就会酸败(酸度超过22度)。

鲜乳加热至70～80℃，经过15 s的消毒，饲喂较安全。凡不消毒或酸败变质的乳类，不能用来饲喂毛皮动物。

(2)乳粉　经鲜奶加工而成的乳粉或次乳粉，也是毛皮动物优质蛋白质饲料。全脂乳粉含蛋白质25%～28%，脂肪25%～28%。1 kg乳粉，可加水7～8 kg，调制成复原乳，与鲜乳营养成分相近，只是维生素和糖类稍有损失。

(3)蛋类　蛋类主要是家禽蛋，以鸡蛋为主。蛋类几乎含有动物必需的所有营养素，一般含蛋白质14%左右，以卵白蛋白和卵黄磷蛋白为主，其中赖氨酸和蛋氨酸含量丰富。脂肪主要在卵黄中，含量占30%左右，易于消化吸收。

在毛皮动物准备配种期，给种公动物喂少量蛋类(每天每千克体重10～15 g)，可提高精液品质和增强精子活力。对喂乳期母动物(每千克体重20 g)能维持较高的泌乳量。妊娠母动物日粮中搭配占动物蛋白质8%～10%的蛋类，对胚胎发育和提高初生仔动物的活力有显著作用。

蛋类均应熟喂，因为生蛋白中含有抗生物素蛋白，不利于蛋白质消化。孵化后的各种蛋类(毛蛋)经蒸煮消毒后也可饲喂。

二、植物性饲料

包括作物籽实类饲料、籽实加工副产品饲料、果蔬类饲料等。

1.谷物饲料

各种谷物粉，如玉米粉、麦粉及其他谷物含有大量碳水化合物(70%～80%，主要是淀粉)，是狐狸的比较便宜的热能来源，但含蛋白质偏低，如玉米含蛋白质仅为8%左右。

谷物占狐狸日粮中的量，取决于狐狸所处的生物学时期和混合日粮中脂肪的含量，加入的量一般占日粮热量的15%～30%。狐狸对熟谷物中的淀粉消化率较高，可达90%左右，因此一般将谷物煮成粥或加工成窝头来喂。膨化谷物是当前较新的饲料熟化方式，它可以提高谷物消化率，同时也可灭活有害细菌。

谷物的糠麸，含有丰富的B族维生素和较多纤维素。狐狸对糠麸的消化率低，但能增进肠蠕动，可少量利用，而且最好利用细糠麸。在狐狸和北极狐日粮中，最多不超过谷物总量的25%。

狐狸日粮中谷物最好多样混合，其比例为：玉米粉、高粱粉、小麦粉和小麦麸各按1∶1混合；也有采用玉米粉、小麦粉、小麦麸按2∶1∶1混合。饲喂狐狸的谷物要充分晒干，防止发霉变质，尤其是黄曲霉，狐狸对其分泌的毒素非常敏感。使谷物水分降至12%以下，保持贮藏室通风、干燥，可以有效防止霉变。

2.豆类作物

豆类作物中，主要是大豆在狐狸养殖中应用较多。大豆既含有丰富蛋白质，又含有大量脂肪，而且蛋白质中含有全部必需氨基酸，只是蛋氨酸、胱氨酸和色氨酸含量低，降低了生物学价值，与其他富含这几种氨基酸饲料搭配饲喂，效果较好。在饲喂过程中，一定要充分粉碎后煮熟，否则大豆中抗营养因子会降低饲料利用率。另外，由于大豆富含脂肪，饲喂量过大容易引起狐狸消化不良。因此，一般占谷物饲料用量的20%～25%，最大用量不得超过30%。

其他油料作物，如芝麻、亚麻籽、花生、向日葵等，也有少数养殖场在毛绒生长期应用。日添加量为捣碎的油料作物(每千克体重3～4 g)，在增进毛皮质量和光泽度方面有一定效果。

3.饼粕类饲料

豆类经过提油后的副产品是油饼或油粕类。用于狐狸饲料有豆饼、豆粕、去皮的葵花籽饼和去皮的花生饼等。

夏秋季节，狐狸的日粮中，饼粕饲料允许代替鱼饲料40%～50%(占动物性蛋白饲料的量)，而冬季占30%。去皮的花生饼可代替动物性蛋白饲料的50%以上。应用这类饲料时，要增加脂溶性维生素和酵母用量。饼粕喂量一般不宜超过谷物饲料量的

1/3，否则易引起软便或下痢。

4.果蔬类饲料

包括叶菜、野菜、块根、块茎及瓜果等，是维生素C、维生素K的主要来源，同时提供可溶性的无机盐类及帮助消化的纤维素，并可促进食欲。一般占日粮的10%～20%。

利用蔬菜时，应采用新鲜菜，严禁大量堆积，否则会使菜内温度上升。温度达30～40℃时，菜中的硝酸盐还原成亚硝酸盐，放置时间越长，其含量越多。蔬菜切碎后不能在水中长时间浸泡，防止维生素流失，腐烂的部分应摘去。

另外，农药污染过的蔬菜也最好不用或慎用。

三、添加剂类

1.钙磷添加剂

在狐狸饲养中，主要的钙磷添加剂有骨粉、蛎粉、蛋壳粉、白垩粉、石灰石粉、蚌壳粉、磷酸钙等。毛皮动物幼龄动物对钙的需要量占日粮干物质0.5%～0.6%，磷占0.4%～0.5%，即每418.4 kcal日粮中钙为0.15～0.18 g，磷为0.12～0.15 g。泌乳的母动物每418.4 kcal日粮中钙占0.24 g，磷占0.17 g，毛皮动物钙磷一般能满足需要，但二者比例常不平衡。如果动物性蛋白饲料中，骨的成分少，则易磷多钙少，适当补充一些钙源即可。

2.食盐

食盐是钠和氯原料，单纯依靠饲料中钠和氯，毛皮动物会感到不足。因此，要以小剂量(每天每千克体重0.5～1 g)的不断补给，才能维持正常代谢。高产的毛皮动物，哺乳期日粮中食盐的添加量比其他时期高，达到混合饲料重量的0.3%～0.4%，或每天每千克体重1～1.2 g。

3.维生素添加剂

(1)维生素A　狐狸所需维生素A，主要来源于鱼肝油、鱼类及家畜的肝脏，鸡蛋中维生素A含量300～800 IU/个；牛奶中132～156 IU/100 g；羊乳中134 IU/100 g。因此，在肉食性毛皮动物日粮中供给5%～10%的肝脏，5%左右的乳或一定量鸡蛋，或一定维生素A添加剂，可满足毛皮动物对维生素A的需要。

目前研究认为，毛皮动物维生素A的需要量，非繁殖期摄入量最低为每天每千克体重250～400 IU；繁殖期为每天每千克体重500～800 IU。

(2)维生素D　毛皮动物所需维生素D，主要依靠鱼肝油、肝脏、蛋类、乳类及其他动物性饲料。在日常饲养中，只要饲料新鲜，就不需要另外添加。但在繁殖期和幼龄动物生长期，对维生素D需要量增加，可适当增加一些。据研究，毛皮动物对维生素D的最低日需要量是每千克体重10 IU。但在实际饲养中，维生素D需供给量比需要量要高5～10倍。在光照充足的环境下，对维生素D的需要量少，而在阴暗的棚舍中饲养的毛皮动物需要量高。

(3)维生素E　多种谷物胚芽和植物油富含维生素E，例如，100 g小麦芽含维生素E 25～35 mg。在繁殖期的毛皮动物日粮中，小麦芽可占日粮重的5%左右(每天每头15～25 g)，小麦胚油每千克体重可添加0.5～1 g/d，棉籽油、大豆油和玉米脐油1～3 g/d。青绿植物中也含有一定量的维生素E，春季可以大量饲喂。

毛皮动物对维生素E的需要量，一般是每千克体重3～4 mg，妊娠期日粮中不饱和脂肪酸含量高时，用量可增加1倍。

(4)B族维生素　动植物饲料中均含有B族维生素，含量丰富的饲料有：各种酵母、谷物胚芽、细糠麸等，哺乳动物肝脏、心脏、肾脏和肌肉等，鱼类、谷物、蔬菜中含量少。日粮中提供的B族维生素基本能满足毛皮动物需要，但在繁殖期应补加少量纯品。常用添加量：准备配种期，每千克体重0.2～0.3 mg，妊娠和哺乳期，每千克体重0.4～0.5 mg。

(5)维生素C　各种绿色蔬菜中含量丰富，每千克体重每天供给 30～40 g 的青绿蔬菜，加上体内合成部分，基本能满足成年狐狸的需要。但在妊娠和哺乳期，应在日粮中补充一些维生素 C 制剂，一般在妊娠中期每千克体重添加维生素 C 纯品 10～20 mg。

4. 合成氨基酸

当狐狸日粮中某些氨基酸缺乏或不平衡时，可以补充一些合成氨基酸。目前主要合成氨基酸有赖氨酸、蛋氨酸和苏氨酸等。

5. 抗氧化剂

由于毛皮动物饲料中脂肪含量高，容易发生氧化变质，而抗氧化剂有延缓饲料养分氧化的作用。抗氧化剂有维生素 E、丁基化羟基甲苯(BHT)、丁基化羟基甲氧基苯(BHA)，还有丙酸及其钙盐等。

6. 抗生素

抗生素可以抑制肠道有害菌，预防动物发病，而且还能提高饲料利用率和促进幼龄动物的生长发育。常用抗生素有土霉素、四环素等，粗制土霉素或四环素等，添加量占日粮重的 0.1%～0.2%。

7. 酶制剂

酶制剂是一种新型饲料添加剂，外源酶可以补充内源酶不足，刺激机体内源酶分泌。目前已有试验和应用报道。胡锐等(2001)研究了复合酶制剂 818A 对幼龄狐狸生长发育的影响，结果表明添加复合酶制剂使狐狸的日增重、周体长增长值、料重比都显著优于对照组，而且换毛时间也较对照组缩短。黑龙江省杜尔伯特县新源良种狐繁育场张新报道，给狐狸投喂含有酶制剂颗粒料或粉料，效果非常好。特别是育成期，仔狐狸消化吸收好，生长迅速，增重快，肠炎发病率很少，仔狐狸育成率达 95%～98%以上，取得了良好经济效益。

8. 褪黑激素(Melatonin，MT)

化学名称 5-甲基-乙酰色胺，是由松果体分泌的一种激素。大量研究资料表明，褪黑激素作为光周期的信号参与调节动物生殖、免疫、毛皮周期等生物节律，而且也有研究表明外源褪黑激素可使毛皮动物的冬皮早熟。

张培玉等(2001)报道，应用东北林业大学研制的标准褪黑激素植入物促进银狐生长和毛皮早熟的研究。将褪黑激素胶囊埋植于银狐颈背部皮下，结果显示，应用褪黑激素处理银狐安全有效，埋植褪黑激素后银狐表现为食欲旺盛，生长增快，睡眠增长，死亡率下降，成年银狐其毛皮可以提前 30～70 d 成熟。幼龄狐狸可以提前 15～30 d 成熟。最佳 MT 埋植时间在 6 月 10 日左右，埋植剂量的差别对结果无明显影响，同时狐狸皮质量提高，皮张长度增加。

第三节　狐狸的日粮配制

一、配制狐狸日粮的依据

首先，应明确处于不同生物时期的狐狸对各种营养物质的需要，即饲养标准，它是狐狸日粮配制最根本的依据。再结合各种饲料中所含的营养成分，适当的配合，尽量达到标准规定的要求。当然饲养标准并不是绝对的，它是各种研究的积累和总结，随着研究和实践的深入，饲养标准应做出相应的调整，以趋于更加完善。

其次，应考虑狐狸的食性和消化生理特点。狐狸属于肉食性的毛皮动物，对动物性饲料消化能力强，对植物性饲料消化能力弱。因此，狐狸日粮要以动物性饲料为主。

第三，在拟定日粮中，应充分考虑当地的饲料条件和现有的饲料种类，尽可能地用多种饲料配合，充分发挥蛋白质互补作用，满足狐狸对必需氨基酸的需要和提高日粮中氨基酸的利用率，以达到营养完全的目的，并能节省饲料和降低饲养成本。

第四，在配制日粮时，要注意各种饲料的理化性质，避免营养物质之间的破坏和拮抗作用。

另外，拟定日粮时，还需考虑狐狸的体况、季节变化、性别以及各种饲料适口性和利用率问题。

二、配制日粮的方法

所谓日粮，是指每天供给每只狐狸饲料量的总和。

配制日粮的方法主要有手工计算法和计算机辅助设计两种。

手工计算法是依据狐狸的营养需要与饲料学的基本知识和简单的数学运算，计算配方中各种饲料的配合比例。手工算法设计过程清晰，可充分体现设计者的意图，是计算机设计配方的基础。但该方法计算过程繁杂、速度慢，尤其当饲料种类及所需考虑的营养指标较多时，往往需要反复调整，运算量大，而且难以得到一个最低成本饲料配方。

我国从 20 世纪 80 年代中期开始较为普遍地应用计算机技术，利用运筹学及线性规划方法设计饲料配方。计算机配方通过线性规划或多目标规划原理，可在较短时间内，快速设计出营养全价且成本最低的优化饲料配方。现在已有很多软件供计算机配方使用，使用时只要输入有关的营养需要量、饲料营养成分含量、饲料价格以及相应的约束条件，即可很快得出最优饲料配方。

尽管计算机配方技术日益普及，但手算法在一般养殖场（户）仍被普遍采用。因此，这里仅介绍常用手算配方的基本方法。

1.热量配比法

热量配比法是以狐狸每天所需要的代谢能为基础，再依据现有饲料种类，确定出各种饲料所占热量的百分比和饲料供给量。

计算每兆焦（MJ）能量中各种饲料所占的相应重量，之后与该种饲料所需提供的能量数相乘，就可以计算各种饲料的需要量，定出早、晚饲喂的比例（40%：60%）。重点要计算该日粮中可消化蛋白质含量，看是否满足需要。如果过高，就相应降低含蛋白高饲料比例,提高能量饲料比例,反之,提高蛋白饲料比例,同时降低能量饲料。

示例:配制中等体况妊娠母狐狸的日粮,饲料种类有海杂鱼、痘猪肉、玉米面、大豆面、小麦粉、胡萝卜、大白菜、骨粉、食盐及各种维生素等。计算步骤如下:

(1)根据狐狸的日粮标准和现有饲料,确定每只狐狸日粮总代谢能为2.51 MJ,可消化蛋白质每兆焦21.5~23.9 g。

(2)根据经验确定各种饲料比例为海杂鱼30%、痘猪肉20%、玉米面26%、大豆面6%、小麦粉10%、胡萝卜3%、大白菜5%,共100%。

(3)查找饲料成分表,计算出各种饲料提供能量。以痘猪肉为例,2.51 MJ×0.2=0.502 MJ,因100 g痘猪肉的代谢能为0.594 MJ,故0.502 MJ痘猪肉的重量(g)=0.502 MJ×100 g/0.594 MJ=84.5 g,其余类推。2.51 MJ能量所需要的各类饲料重量:

海杂鱼2.51 MJ×0.3×100 g/0.351 MJ=214.5 g;

痘猪肉2.51 MJ×0.2×100 g/0.594 MJ=84.5 g;

玉米面2.51 MJ×0.26×100 g/1.0671 MJ=61.2 g;

大豆面2.51 MJ×6.06×100 g/1.0251 MJ=147 g;

小麦粉2.51 MJ×0.10×100 g/1.0251 MJ=24.5 g;

胡萝卜2.51 MJ×0.03×100 g/0.1251 MJ=60.2 g;

大白菜2.51 MJ×0.05×100 g/0.059 MJ=212.7 g;

合计672.3 g。

(4)查表计算日粮的可消化蛋白质量:

海杂鱼0.138×214.5 g=29.60 g;

痘猪肉0.185×84.5 g=15.63 g;

玉米面0.065×61.2 g=3.98 g;

大豆面0.203×14.7 g=2.98 g;

小麦粉 0.076×24.5 g=1.86 g；

胡萝卜 0.011×60.2 g=0.66 g；

白菜 0.011×212.7 g=2.13 g；

合计:56.84 g。

56.84 g÷2.51 MJ=22.65 g/MJ,基本符合妊娠期狐狸的蛋白质需要。之后,再适当添加些骨粉、食盐、维生素等。

2.重量法

以狐狸每天日粮需要量为基础,初步确定日粮的总重量,再根据现有饲料种类,确定各种饲料的重量比。根据日粮总重量和各类饲料所占的重量比,计算出日粮的饲料组成,然后查阅各种饲料的营养成分和热量表,计算出能量和可消化蛋白质含量,检查是否满足营养需要,如果不符合,再做轻微调整。

示例同上。

计算步骤:

(1)狐狸每天饲料供应量为 680 g,扣除 10 g 添加剂,剩 670 g。

(2)各种饲料比例　海杂鱼 32%、痘猪肉 12%、玉米面 10%、大豆面 2%、小麦粉 4%、胡萝卜 8%、大白菜 32%,共 100%。

(3)计算各种饲料用量

海杂鱼 670 g×0.32=214.4 g；

痘猪肉 670 g×0.12=80.4 g；

玉米面 670 g×0.1=67 g；

大豆面 670 g×0.02=13.4 g；

小麦粉 670 g×0.04=26.8 g；

胡萝卜 670 g×0.08=53.6 g；

大白菜 670 g×0.32=214.4 g。

(4)经过计算　日粮能量为 0.752 MJ+0.478 MJ+0.715 MJ+0.137 MJ+0.244 MJ+0.067 MJ+0.126 MJ=2.52 MJ。

可消化蛋白质量为29.58 g＋14.87 g＋4.355 g＋2.72 g＋2.04 g＋0.59 g＋2.36 g＝56.51 g。

能量和蛋白基本满足狐狸的营养需要。

第四节 狐狸饲料贮藏及调制

一、饲料贮藏方法

具有一定规模的狐狸饲养场，所需的饲料种类和数量较多，因此，必须根据饲料特点设置各种饲料贮藏室。在贮存前，应对所贮存的饲料进行分类、分级检查，凡变质霉烂、虫蛀鼠咬、含泥沙杂质等饲料都应去除，而且应分别放置，不可堆放一起。对贮藏室总的要求应清洁卫生、干燥通风，有防蛀、防鼠、防毒、防火等设施。

1.肉、鱼类饲料的保存

肉、鱼类饲料根据所需贮存时间的长短及饲养场条件及饲料来源情况，可以选择以下几种方法：

(1)高温贮存法　是暂时性保存方法。时间不宜过长，通过高温杀灭各种细菌和微生物，之后放在阴凉地方贮存。

(2)低温贮藏法　低温可以杀死或抑制微生物对饲料分解作用，能防止饲料变质或产生有害物质。比较先进的有冷库或冰箱、冰柜贮存，比较原始但经济的办法是土冰窖和冰冻密封等办法。

通过冷库、冰柜、冰箱进行冷藏，就是将鱼块、肉块等放在－23～18℃的温度下贮藏保管。贮藏期间库温应保持－18℃以下，湿度80％以上，多脂肪鱼类要求更低的库温。当库温为－18～－15℃时，安全贮存期为4～6个月，如果冻鱼挂了一层冰，可延长1～2个月贮存期。事实上，20世纪80年代后，随着市场繁荣，大型冷冻库就显得用处不大，而大、中、小型冰柜使用较为普遍，能耗相对减少，而且管理和维修也较为简单方便。

鱼类贮存，超过半年后就会出现不同程度酸败，因此不宜久存。

土冰窖法：盖一夹层墙式库房，大小依据需要而定，库房安装双层房门，夹层墙中填以稻壳或炉渣，库内放置大号水缸多个，缸间距 30～50 cm，用稻壳或锯末填紧，填至与缸口平，将肉、鱼饲料和碎冰块混合装入缸内，缸口用旧棉被、麻袋等盖严。缸底打小孔，接上胶管，从地下通向库外，排除融化的冰水。

冰冻密封法：冬天，趁气温严寒，可将肉、鱼冻成小块，堆放在背阴、避风的地方，盖上草帘子，天天往帘子上洒水，冻一层洒一层，冻到 1 m 厚，在冰上盖一层 1 m 厚的锯末、稻壳，最外层再盖上 30～40 cm 厚的泥土，取饲料时，挖开一角，每次取料后马上用草帘或多层旧麻袋将开口堵严。

海杂鱼可通过晾晒的办法制成干饲料进行贮藏。鱼、肉、骨等也可通过烘烤之后制成鱼粉、肉骨粉进行贮存。通过这些干燥办法，使附着在饲料上的微生物死亡或失去生存繁殖的条件，饲料本身也因为干燥而不能发生氧化分解，但这类通过干燥办法保存的饲料应注意防潮。

盐渍法也可应用贮存鱼肉饲料，主要利用盐渍能杀死微生物和抑制霉菌繁殖。可以再结合干燥方法，但在使用前一定要用清水浸泡 24 h 以上再饲喂。

2.乳、蛋类饲料保存

乳品类的鲜乳，一般经煮沸消毒后在低温下保存，短期内(3～5 d)对乳的品质影响不大，超过一周则失去保鲜的意义。对于乳粉类，最好放在干燥避光处或低温(冰箱中)下保存。国内生产的乳粉，一般保存期以 3 个月为准，超过 3 个月质量下降，尤其在常温条件下。

蛋类饲料在室温高的环境下，容易产生硫化氢等有臭味的有害气体。低温保存是蛋品较好保存方法，但不可过久，保存量不宜过多，保存 10～15 d 够用即可。

3. 谷物、饼粕、糠麸饲料的贮藏

谷物饲料发霉变质主要由温度和湿度两个因素所决定。谷物饲料入库前，首先晾晒干燥，使水分降低到 12%以下。保存谷物饲料的仓库必须保持干燥，通风良好，尤其在每年 7—8 月间，空气相对湿度和温度都较高时，底层最好填条石(木)与地面留有 20～30 cm 空隙。

饼粕类和糠麸类含脂肪酸比较高，容易氧化酸败。因此，贮存时一定要通气、防潮、防高温。

4. 蔬菜、块根(茎)饲料的保存

蔬菜因含较高水分(70%～80%)，不易保存。我国南方蔬菜类四季供应充足，最好随购随用；而北方冬春季很长，蔬菜种类少，难以保存，对大白菜、胡萝卜、甘薯等，可放在地窖或以少量包扎或捆扎的方式放在通风处保存。用地窖保存应经常检查挑选和翻转，及时清理损伤和腐烂的块根茎。

二、饲料调制方法

狐狸饲料种类较多，有些可以直接食用，有些需加工后才可利用，有些则加工后还需再调制，才能提高适口性，增加食欲，减少浪费，尤其是提高营养物质的可消化性，促进吸收利用。

1. 调制前的准备工作

(1)首先对将要调制的饲料品质及卫生指标进行鉴定。疫区的动物饲料和霉变腐烂变质的饲料禁止饲喂。

(2)新鲜的动物性饲料先用水充分洗涤，再用 0.1%的高锰酸钾溶液消毒，然后用清水冲洗。

(3)去掉肉类饲料中过多的脂肪。

(4)动物的胃、肠、肺脏、脾脏等要高温煮熟后冷却备用。

(5)冷冻的饲料要解冻，经洗涤后备用。

(6)鱼类饲料,或咸干鱼饲料,要先用水浸泡,洗净表面上的黏液和去掉盐分再用。

(7)蔬菜类要先除去腐烂部分和根部,再用0.1%高锰酸钾溶液消毒,然后用清水洗净,切成小块备用。小白菜有苦味,菠菜含草酸较多,最好用开水烫一下再使用。

(8)小麦芽要去掉腐烂部分。

(9)谷物饲料要熟制后待用。

2.饲料的加工

肉类和鱼类饲料　肉类和鱼类饲料要经洗净后进行绞碎配用。淡水鱼、轻微变质或杂菌污染的肉类,要熟制后饲喂;经高温干燥的肝渣和血粉,不仅要浸泡,而且要蒸煮达到软化目的。

(1)牛乳和羊乳　牛乳和羊乳喂前应消毒,用锅加热至70～80℃,保持15 s,冷却后待用。乳桶每天用热碱水刷洗干净。乳粉按1∶7加水调制,然后加入到混合饲料中,搅拌均匀后饲喂。

(2)谷物、饼粕、糠麸　谷物、饼柏、糖麸类首先应粉碎,之后进行一定比例搭配,然后进行熟制。可以制成窝头或烤糕,也可制成粥混合饲喂。

(3)酵母　常用的有药用酵母、饲料酵母、面包酵母和啤酒酵母。药用酵母和饲料酵母是经过高温处理的,酵母菌已被杀死,可直接加入混合饲料中饲喂;而面包酵母和啤酒酵母是活菌的,喂前需加热杀死酵母菌。方法是把酵母先放在冷水中搅匀,然后加热到70～80℃,保持15 s即可。

(4)麦芽　麦芽富含维生素E。其培养方法是先把小麦浸泡12～15 h,捞出放在木槽中堆积,室温控制在15～18℃,每天用清水淘洗一遍,待长出白色须根,要露芽时进行分槽,分槽后每天喷水两次,经过3～4 d可生出1～1.5 cm长淡黄色的芽,即可饲喂。喂前麦芽需要用绞肉机绞碎,一般要绞两遍。

(5)植物油　植物油富含维生素E,应放在非金属容器中,低温保存，否则保存时间长了易酸败。狐狸饲养场常用棉子油补充维生素 E，但饲喂前要用铁锅煎熬，使棉子毒挥发。

(6)维生素制剂　鱼肝油和维生素 E 油，浓度高时，可用豆油稀释后加入饲料。目前维生素 A、维生素 D、维生素 E 都有粉状添加剂，可直接拌入饲料中。B 族维生素目前都有原粉出售，直接拌入饲料应用，用起来比较方便简洁。

(7)食盐　食盐的饲喂一般在谷物熟制过程中加入，或直接加入到粉料和颗粒料中饲喂。

3.饲料调制

饲料的调制是把各种饲料准备好后，进行充分搅碎和混合，之后加入牛乳、维生素等，然后尽快分发喂给狐狸。

配合饲料包括粉状或颗粒状的全价饲料，在狐狸的饲养中也有一定程度应用。它是按全价饲料配方，将各种动植物性饲料，如鱼粉、肉骨粉、大豆浓缩蛋白、谷物等干燥粉碎，并添加矿物质和维生素配合而成。这种饲料运输、保存、使用比较方便，一般每天喂量 200～250 g。一般在利用干配合饲料时，适当搭配一些新鲜动物性饲料，尤其在狐狸繁殖期效果更好。另外要保证充足的饮水，否则会影响饲料的适口性，使消化率降低。

第五节　饲料品质检验

一、肉类饲料的品质检验

饲料品质检验最好使用物理和化学方法。但在饲养场内，由于受到仪器条件的限制，不可能对各种饲料都进行全面综合鉴定，有些饲料样品可送至专门检验单位鉴定。对于一般品质，主要依靠经验来目测。表 5-3 列出不同新鲜程度肉类鉴别标准。

变质的肉类，除营养物质减少外，还可能被有害细菌如肉毒梭菌等污染，产生有毒有害物质，严重威胁狐狸的健康。

表 5-3 肉类新鲜程度鉴别表

项目	新鲜度		
	新鲜肉	不新鲜肉	腐败变质肉
外观	表面具有微干燥外膜，呈玫瑰红或淡红色；肉汁透明，切面稍湿润，不黏	表面有风干灰暗外膜或潮湿发黏，有微霉，切面色暗而潮湿，有黏液，肉汁混浊	表面很干燥或很潮湿，淡绿色、发黏、发霉，断面呈暗灰色，有时断面呈淡绿色、很黏、很潮湿
硬度	切面质地紧密，富有弹性，指压能复原	切面柔软、弹性小，指压不能复原	切面无弹性，轻手压可刺穿
气味	具备各种肉的独特气味	表层稍有霉气味，深层还没有怪味	表层、深层都能嗅到腐败味
脂肪	白黄色或淡黄色，无污秽；无酸败或苦味，组织柔软，坚硬，煮肉汤透明芳香，表面聚集油滴	呈灰色，无光泽，易黏手，有轻微的酸败味	污秽、有黏液、发霉，呈绿色，有强烈的酸败味
骨髓	骨断面处可见骨髓亮光，骨髓坚硬、色黄	髓与腔之间有小的间隙，骨髓色暗而软，断面无光泽	骨髓与腔之间间隙大、软、发黏、色暗

二、鱼类饲料品质检验

(1)新鲜鱼　新鲜鱼腹部和肌肉弹性良好，鳃呈粉红色，眼透明饱满；体表有一层透明黏液，有光泽；气味正常，色泽鲜艳。

(2)鲜度较差的鱼　鲜度较差的鱼腹部和肌肉弹性差；体表、眼球、鳞片失去固有的光泽，颜色发暗；鳃呈紫红色，体表黏液增多变稠。

(3)近于腐败变质的鱼　近于腐败变质的鱼腹部和肌肉失去

弹性；眼球混浊无光泽，鳞片呈灰色；鳃部发臭呈暗紫色，尤其是腹部肌肉与骨脱离。

(4)腐败变质的鱼　腐败变质的鱼鱼体变软，鳃呈暗紫色、褐色，有恶臭味；眼球下陷；腹部肌肉松软，下陷或穿孔；肛门外翻，骨肉分离。

三、乳类饲料品质检验

乳类饲料新鲜程度受多种因素影响，如产乳动物健康状况、是否患有乳房炎、饲料、容器污染等，尤其是在温度较高时，更易受细菌污染。一般常从乳的色泽、状态、气味等方面进行判定。

新鲜乳　新鲜乳色泽洁白微带黄色；呈不透明液态，煮沸后无沉淀及凝块，无絮状物；有乳香味。

不正常乳　不正常乳色泽变暗，呈苍白色，而且可能有霉菌生长，失去原有乳香味而产生乳酸味，出现豆腐花状凝块。

四、蛋类饲料品质检验

优质蛋类　优质蛋类具有自然光泽，颜色鲜艳，蛋壳无斑点，清洁无污粪，蛋黄蛋清分明，蛋黄呈圆形不散。

不正常蛋　不正常蛋类大部分为经孵化的蛋，蛋壳光滑有反光；蛋黄发散、颜色变浅，用手轻晃蛋，有晃动感。

变质蛋　变质蛋蛋壳灰白色，蛋清失去半流动胶体性，蛋黄蛋清混在一起，有硫化氢味(臭鸡蛋味)。

五、谷物饲料品质检查

谷物饲料若自身水分高或贮存在高温高湿条件下，易受霉菌和自身酶的作用，而引起发霉和变质。

谷物饲料发霉变质会结块变黑，失去原有光滑油亮色泽；嗅闻时有霉味、酸臭味、腐烂味。保存好的谷物饲料触摸时感觉干燥，用手攥时不成团。没有潮湿感和发酵感。

六、干粉饲料品质检验

干粉饲料主要有鱼粉、鱼干、肉粉、骨粉、家畜内脏粉、肉骨粉、蚕蛹粉、颗粒饲料等。如果贮藏不当或贮藏时间过久，极易引起腐败变质。而且这些饲料脂肪和水分较高，容易引起脂肪氧化和虫害。

正常的干粉饲料，必须具备固有的色泽和气味。凡失去原有的颜色，散发出刺鼻的异常臭味、哈喇味，结成团，表面长有绿色或黄色霉菌，标志着饲料已变质，不能再使用。

另外，干粉饲料应注意掺假，一般掺有羽毛粉、皮革粉，这时就应做一些显微镜检测和营养成分确定，以判断是否掺假。

七、果蔬类饲料品质检验

农药、化肥、腐烂变质、泥沙等都影响果蔬类饲料的品质。

有些果蔬类饲料变质，从外表形态、气味、色泽难以发现，腐烂常从内部开始。因此，在饲喂前都应切开或嗑开，检查后再决定是否可以饲喂。

从外部变质的果蔬类饲料，变质后色泽晦暗并有异味，有时出现湿热，表面已发黏。

第六章　狐狸的饲养管理

狐狸在野生状态下，可根据自身生命需要选择栖息环境和捕食食物，而在人工饲养过程中，其饲料和生活条件完全由人来提供。人工环境是否合适，提供的饲料是否能满足其生长发育的需求，即饲养管理的好坏．对狐的生命活动、生长、繁殖和生产毛皮影响极大。因此，我们必须根据狐的生长发育特性，进行科学的管理，才能提高狐狸生产水平。

第一节　狐生物学时期的划分

狐在长期进化过程中，其生命活动呈现明显季节性变化，如春季繁殖交配，夏、秋季哺育幼仔，入冬前蓄积营养并长出丰厚的被毛等。在狐的饲养管理过程中，人们也将其一年的饲养期进行划分。依据狐一年内不同的生理特点而划分的饲养期，称为狐的生物学时期。狐的生物学时期可划分为以下几个阶段(表 6-1)。

表 6-1　狐狸饲养管理时期的划分

月份	2	3	4	5	6	7	8	9	10	11	12	1
种公狐狸	配种期		恢复期					配种准备期				
种母狐狸	配种、妊娠期		泌乳期		恢复期			配种准备期				
幼狐狸			哺乳期		育成期							

必须强调，狐各生物学时期有着内在的联系，不能把各个生产时期截然分开。如在准备配种期饲养管理不当，尽管配种期加强了饲养管理，增加了很多动物性饲料，也难取得好效果。只有重视

每一时期的管理工作，狐的生产才能取得良好成绩。

狐狸的代谢能力在夏季最强，冬季最弱。狐狸虽然能撕碎肉类，但是狐狸咀嚼能力差，并且肠道又较短，只有体长的5～7倍，食物经过消化道的时间短，所以狐狸适宜消化肉类饲料，而对植物性饲料消化能力较差。狐狸的营养需要以动物性蛋白质为主，对脂肪和碳水化合物的需要较低。另外，狐狸本身不具备合成维生素的能力，而且笼养条件下狐狸接触外界的机会很少，所以狐狸对维生素和矿物质的需要较高。

第二节　仔狐狸的饲养管理

一、仔狐狸的生长发育特性

狐狸是多胎动物，银黑狐及彩狐平均一胎产仔4～5只，仔狐狸初生重80～130 g，北极狐平均一胎产7～8只，仔狐狸初产重60～90 g。初生仔狐狸闭眼，无听觉，无牙齿，身上胎毛稀疏，呈灰黑色，仔狐狸的生长速度因品种、性别、营养状况、饲养条件等的不同而有所差异，但普遍来讲仔狐狸生长发育很快，出生头10 d的绝对生长平均值为10～20 g/d，10～20日龄为23～25 g/d；生后14～16 d睁眼，并长出门齿和犬齿；18～19日龄时开始吃由母狐狸叼入的饲料；仔狐狸在20～25日龄内完全可以靠母乳来满足其生长发育的需要，在此期间生长发育最快，平均日增重达到36 g左右。25日龄以后，采食能力大增，而母狐狸的泌乳能力下降，应进行人工补饲，一般仔狐狸到45～50日龄就要断乳。断乳太早或太晚都会影响仔狐狸的生长发育。仔狐狸断乳后的前2个月到6～7月龄时，已接近成年狐狸的体型，到8月龄后，体型与成年狐狸基本没有区别。在仔狐狸体重发生变化的同时，被毛也发生一系列变化，初生时胎毛稀而呈深灰色，50～60日龄时胎毛生长停止,3～3.5 月龄时针毛带有银环,8～9 月龄银毛明显,而胎毛全部脱落。

哺乳期仔狐狸死亡率出现 3 个高峰:

(1)5 日龄死亡率占哺乳期死亡率 47%,占总死亡率的 41%,原因是母狐狸妊娠期饲喂发霉变质的饲料、饲料单一或营养不全价、维生素供给不足、缺乏微量元素等,导致妊娠期胎儿发育终止呈死胎、烂胎。初生仔狐狸生后 24 h 内吃不上初乳,往往造成全窝饿死。产箱保温不良,仔狐狸冻死;或患病死亡、压死、咬死等。

(2)仔狐狸 10～15 日龄内,哺乳期死亡率和总死亡率分别占 24%和 21%。

(3)20～25 日龄内则降为 14%和 12%。其死因主要是饲养条件差,产弱仔,母狐狸缺奶或无奶,造成仔狐狸饿死,以及环境噪声、异味、惊吓、缺水等。

二、仔狐狸的检查

产后检查是产仔保活的重要措施之一。检查内容一般有:仔狐狸的只数(胎产仔数、成活数),仔狐狸的健康状况,哺乳情况,垫草及窝是否保暖等。检查仔狐狸一般在产后 24 h 之内,气候暖和的时候进行。天气寒冷时,夜间和清晨不宜进行。

检查仔狐狸的方法,一般是"听"和"看",可以两种方法同时进行。检查的时间多在喂饲饮水时。健康仔狐狸一般很少有叫声,或可听到洪亮、有力的"吱吱"叫声,但持续时间较短,在这种情况下可不必开箱检查。当听到嘶哑、无力的叫声时,应设法引出母狐狸,然后开箱检查。如发现仔狐狸干瘪,应积极采取措施。健康仔狐狸一般是在窝里抱成一团,身体温暖,浑身圆胖,发育匀称。通常观察母狐狸的活动情况,可判断其哺乳情况,一般正常母狐狸产后食欲正常,很少独自在箱外活动,乳头也比较饱满。对于食欲不好,稀便,频繁出入产仔箱的母狐狸应及时请兽医检查,尽快采取相应的处理措施。检查仔狐狸时动作要快，手上不要带有异味，可先用窝里的垫草擦手后再进行检查，以防母狐狸弃仔、叼仔或食仔。除此之外，还要对仔狐狸的只数（胎产仔数、成活数）、健康状况、哺乳情况等要做好记录，为下次检查或留种作参考。

三、仔狐狸的补饲及代养

仔狐狸出生后的 20～25 d，全靠母乳来满足其营养需要，此后随着母狐狸泌乳能力的下降及仔狐狸的不断生长，其营养物质不能满足仔狐狸的营养要求。因此，必须注重仔狐狸早期采食能力的培养。仔狐狸在 15～20 日龄时，已能开始出窝活动，仔狐狸的饲料应以营养丰富，品质新鲜的鱼、肉、蛋、奶、肝脏等动物性饲料为主，混以谷物粥、蔬菜、维生素、微量元素等，调成粥样投喂。这时在母狐狸的日粮里要多增加肉馅类、牛奶和肝脏等优质而易于消化的饲料。仔狐狸 30 日龄后采食量猛增，可单独用盆补饲，饲料要调制稀一些，以便仔狐狸采食。

初生仔狐狸体温调解能力较差，气候寒冷时，仔狐狸一旦爬出产箱或被母狐狸吃食时带出产箱，未能及时叼回，就会被冻死。因此，饲养人员必须注意检查垫草是否充足和窝形是否完整，发现问题及时处理。产仔箱可用塑料布或棉门帘包裹好，昼夜都要设专人值班，定时观察，一旦发现笼网上有仔狐狸时，要及时将其送入窝内。仔狐狸 2 周龄内，运动能力差，遇到高温天气，产箱温度猛升，空气流动又差时，极易出现中暑死亡。炎热或无风的天气，一定要采取防暑措施，如遮阳或把产箱盖打开通风、降温。在设计产箱时也可以留通风孔，遇到天热时打开通风、降温。

仔狐狸采食后，母狐狸就不再吃仔狐狸的粪便，也不清理窝室了，这样仔狐狸便生活在不洁的环境中，极易患病。另外由于天气越来越暖和，饲料容易变质，仔狐狸吃了变质的饲料也容易得病。为此，要保持饲料、笼舍和产箱的卫生，剩食要及时清除，每天要清洗一次饮食具。

一般情况下，仔狐狸无需进行专门护理，只有当母狐狸产仔数较多，母狐狸泌乳量少的情况下或母性不强时，才采用代养或人工饲喂。代养也称寄养，是将吃不到足够奶的仔狐狸送给其他健康的母狐狸代养。接受代养的母狐狸必须是母性强、泌乳量高、产仔数较少，同时要求仔狐狸出生日期接近，体型大小相差不大的。寄养时，首先把母狐狸引出产箱，用代养母狐狸窝内的垫草在仔狐狸身上轻轻擦拭，然后将寄养仔狐狸混放于代养母狐狸的仔狐狸中，将母狐狸放回产箱。饲养人员要在远处观察，看代养母狐狸有无弃仔现象，发现弃仔、叼仔或咬仔时，要重新找母狐狸代养。也可用猫、狗代养。初生仔狐狸若被母狐狸遗弃或母狐狸患病无法哺乳，代养不成功时，采取人工喂养。在消过毒的鲜牛奶中加少许葡萄糖、维生素C、B族维生素、抗生素等，用吸管或特制的乳瓶喂养。仔狐狸红爪病是维生素C不足所致，呈现爪红原，趾垫有出血点，经过1～2 d后局部形成结痂。发生此病后，可口服2%维生素C 1 mL，每天2次，直到痊愈。同时增加母狐狸维生素C和维生素A的给量。

气候条件也是影响仔狐狸生长发育不可忽视的因素。芬兰地处北欧，纬度高，仔狐狸育成期天气凉爽，气候宜人，新陈代谢快，采食旺盛，生长发育快，因此狐皮质量较好。我国夏季气温高，天气炎热，特别是仔狐狸育成前期，正赶上三伏天，对仔狐狸的采食和生长发育极为不利。根据这种情况，为了最大限度地保证仔狐狸的生长发育，充分发挥其优良遗传潜能，应积极采取遮阴避暑的方法，给仔狐狸创造一个相对凉爽的小环境。具体做法是：在仔狐狸育成笼上方距地面2 m处用木杆搭成棚，既防止阳光直射，又有利于空气流通，同时也便于饲养人员操作。遇到高温天气时(32℃以上)，可往地面喷洒凉水降温。这样棚内与棚外的气温可相差10℃左右，可明显减轻仔狐狸由于热应激反应所带来的食欲减退和心理不安。待仔狐狸育成后期(9 月份以后),随着天气变凉,再将棚拆除。实践证明,这种方法既简单实用,效果又好。

四、仔狐狸分笼前的饲养管理

仔狐狸分笼前的饲养水平对仔狐狸的最后育成至关重要。这个时期可分成 2 个阶段,仔狐狸从出生至采食前为第 1 阶段(20~25 d),此期仔狐狸完全靠母乳维持生命及生长发育。20 d 后,即进入从采食至分笼的第 2 阶段,此期母狐狸泌乳能力开始逐渐下降,仔狐狸对营养的需求日益增加,单纯的依靠母乳已不能满足仔狐狸生长发育的需要,此时仔狐狸就开始少量采食固体饲料,并随日龄的增加逐渐由母乳为主过渡到以固体饲料为主,这是仔狐狸生长发育的重要转折阶段。饲料应多投喂一些适口性好、易消化、新鲜的动物性饲料,如小杂鱼、牛肝等,能量饲料应以脂肪为主(15%~18%),这样仔狐狸容易消化吸收,同时也要注意矿物质、维生素的添加。饲料要加工的细一点,或制成粥状,以便仔狐狸采食。在有条件的狐狸场,每天可给仔狐狸单独补饲 2~3 次,如果没条件也可以同母狐狸一起饲喂。在这个阶段,仔狐狸的胃肠消化吸收也有一个逐渐适应的过程,一定要注意肠炎病的防治,尤其是在阴雨天气。

第三节　育成狐狸的饲养管理

一、育成狐狸的饲养

仔狐狸开始独立生活以后进入育成期,此期要对经产狐狸在恢复期继续采取高标准饲料,至少保持半个月,使其体质尽快得到恢复;对仔狐狸要先精后粗,逐渐改变饲养标准,一般断奶后前 10 d 的日粮应维持哺乳母狐狸的日粮标准,10 d 以后逐渐按育成狐狸的饲养标准饲喂，此期幼狐狸生长迅速。因此，要充分保证仔狐狸对蛋白质、矿物质及各种维生素的需要，使其获得生长、发育所需要的足够营养成分。后期主要以提高狐狸的膘情为重点。育成狐狸的日粮必须供给维持和继续生长的能量需要。随着体重的增加，维持需要也稳步上升，直到 7 月龄时止。育成狐狸各月龄对能量的需要如下：2～3 月龄为 1 854 kcal/d；3～4 月龄为 2 431 kcal/d；4～5 月龄 2 595.6 kcal/d；5～6 月龄 2 719.2 kcal/d；6～7 月龄为 2 842 kcal/d。能量的供给不足，会引起生长迟缓或停止，严重缺乏时将导致消瘦，毛皮暗淡无光泽，从而影响毛皮价格。

饲料中的脂肪要新鲜，脂肪氧化会降低必需脂肪酸的营养作用，育成狐狸易出现黄脂肪病。7～23 周龄的幼狐狸，为了获得最大的氮贮存，必须提供占饲料干物质重 40.7%以上的蛋白质。当育成期的日粮中可消化蛋白质量低于代谢能 28%～30%这一标准时，幼狐狸虽体重增长正常，但体长增长速度减慢。

育成期幼狐狸代谢旺盛，饲料利用率高，对日粮要求营养全价，饲料质量好，要防止营养缺乏性疾病的发生。育成期幼狐狸对矿物质、维生素需要量高，应在饲料中予以满足。

二、育成期的管理

仔狐狸一般在出生 45 d 左右就开始分笼，这标志着仔狐狸完全脱离母狐狸的哺育，走入独立生活的体成熟阶段，此期是仔狐狸继续生长发育的关键时期，也是冬毛逐渐形成的阶段。可以说，仔狐狸改良的效果能不能得到保证，杂交的优势能不能充分地体现出来，完全取决于育成期的管理。所以，一定要加大饲料投入的力度，切实抓好改良仔狐狸育成期的饲养管理。根据其生长发育特点，可把育成期分为生长期和冬毛生长期 2 个阶段。

生长期：150 日龄左右是仔狐狸生长发育的最佳时期。特别是 120 日龄之前的早期生长发育对日后的仔狐狸生长发育是非常重要的。此期仔狐狸采食旺盛，生长发育迅速，是仔狐狸生长骨骼(身长)的关键时期。应该抓住仔狐狸早期生长能力强的这一优势，投喂优质饲料(适口性好、易消化、品质新鲜)，以吃饱为原则。90 日龄前每天喂 3 次，之后每天喂 2 次。具体饲料标准为：仔狐狸分窝后的 10 d 内，饲料应保持哺乳期的饲料；10 d 后逐渐改为育成期饲料，蛋白质 27%、脂肪 15%～18%和低碳水化合物饲料。如果此时投喂颗粒料或粉料，在 20 d 内应适当添加一些新鲜动物性饲料。

冬毛生长期：仔狐狸 150 日龄后，即进入了冬毛生长期，此时的仔狐狸生长速度明显变慢，体型逐渐变粗。为了使仔狐狸的冬毛生长和发育良好，应投喂蛋白质 27%、脂肪 8%～10%和高碳水化合物(含 10%的蔬菜)的日粮。

1. 适时断乳分窝

断乳分窝前，应根据狐狸群的数量，准备好笼舍、食具，用具、设备要进行消毒和清洗。

适时断乳分窝，有利于仔狐狸的生长发育和母狐狸的体质恢复。断乳太早，由于仔狐狸独立生活能力差，对外界环境，特别是饲料条件很难适应，易出现生长受阻。断乳过晚，仔狐狸间常常出现争食咬架现象，影响弱仔的生长，母狐狸的体况也很难恢复，并且浪费饲料。正常情况下，仔狐狸在 8 周龄时分窝。也可根据具体情况，断乳分窝时间提早或推迟。当母狐狸体弱、患病时，护理仔狐狸能力降低，应提早一段时间断乳；若母狐狸体质好，泌乳足，而仔狐狸发育较差时，可推迟断乳日期。

断乳分窝的方法较多。当仔狐狸发育均匀时，可将母狐狸移开，同窝仔狐狸一起生活一段时间后，再逐步分开的方法；当同窝仔狐狸发育不均匀时，可将强壮的仔狐狸先行分开，其余的弱仔留给母狐狸继续哺育，待独立生活能力较强后再行分开。仔狐狸开始分窝时，要以 2～3 只在同一笼内饲养，然后逐步分单笼饲养。

笼舍不足时,也可短期一笼双养或多养,但是,同笼幼狐狸体况应相近,笼舍空间应较大,而且饲料量要充足。

2.预防接种

狐狸的疫苗一般都在分窝2～3周后注射。可根据狐狸群的状况,注射犬瘟热、狐脑炎、病毒性肠炎等疫苗。也可注射二联苗或多联苗。育成期幼狐狸从母体接受的免疫力逐渐减弱,机体免疫机能还不够完善。因此,要加强防疫工作,防止通过饲料和饮水传播疾病。食具要经常冲洗,不喂腐败变质的饲料,饮水要清洁卫生。

3.认真选种

种狐狸的初选应在分窝时进行,根据母狐狸的哺乳和仔狐狸的生长发育情况,初步选留经产母狐狸和幼种狐狸。

4.防暑

育成期气温一般较高,笼舍要有遮阳设备,防止阳光直射在狐狸身上。夏季要适当增加狐狸饮水次数。

5.对仔狐狸的成活情况、毛色分离情况做好记录

第四节　成年狐狸的饲养管理

一、准备配种期的饲养管理

1.准备配种期的饲养

成年种狐狸由于经历了前一个繁殖期,体质仍然较差,而育成种狐狸(后备种狐狸)仍处于生长发育阶段。因此,在准备配种前期,饲养上应以满足成年狐狸体质恢复,促进育成种狐狸的生长发育,有利于冬毛成熟为重点。准备配种后期的任务是平衡营养,调整种狐狸的体况。

狐狸的代谢水平受季节、光照、气候等外界因素的影响。一般夏季代谢水平最高，每千克体重所需 255 kcal 代谢能(ME)，冬季为 164.8 kcal 代谢能，而春秋两季的代谢水平相近，分别为每千克体重需代谢能 206 kcal 和 214 kcal。对可消化蛋白质、可消化脂肪和碳水化合物的需要量平均比例为 3.0∶1.0∶2.4。

所有种狐狸在 11 月份都应恢复到正常的营养体况，从 12 月份到第二年 1 月份，种狐狸要保持中上等水平，此期间种狐狸的营养需求高，为此要求饲料营养全价，品种保持相对稳定、品质新鲜、适口性强、易消化，还应十分注意母狐狸产仔哺乳期的环境条件，切实预防包括环境改变、噪声、异味、灯光等一切应激因素，避免母狐狸受到不良刺激产生不安或疑心，造成叼仔、拒食、拒哺乳、藏仔、食仔等。另外供给种狐狸易消化、蛋白质含量高的饲料以促进性腺功能的增强。每天可饲喂 2 次，日采食量在 0.4 kg 左右，其中动物性饲料占 60%，谷物饲料约占 23%，果菜类占 8%左右。到配种前动物性饲料应增到 65%，其他饲料比例相应下降。同时，还应注意多种维生素和矿物质元素的补充，一般每只每天可补喂维生素 A 1 600～2 000 IU、B 族维生素 220 mg、维生素 E 5 mg。

2. 准备配种期的管理

(1)保证光照　除控光饲养外，狐狸都要在自然光照下饲养，不能把狐狸放在阴暗的室内或山洞内。没有规律地增加光照或减少光照都会影响狐狸生殖器官的正常发育和毛绒的正常生长。

(2)供足饮水　狐狸的饮水常常被饲养者所忽视，缺水会使狐狸出现干渴，食欲减退，消化功能减弱，抗病能力下降，严重时会导致代谢紊乱，甚至死亡。气温高时，缺水后果比低温时更加严重。所以每天要保证有足够的、清洁的饮水，天气寒冷时可以每天饮一次温水。

(3)严格选种　对个别营养不良或患有疾病的种狐狸在取皮期淘汰。

(4)做好体况的鉴定和调整工作　种狐狸的体况与繁殖力有

着极密切的关系，过肥、过瘦都会降低繁殖力。特别是在11—12月份应注意观察狐狸的体况，并使其控制在中等或中上等水平，避免向两极发展。对出现体况过肥、过瘦现象要查找原因，及时采取措施。

鉴定种狐狸体况，一般是饲养人员凭借经验目测，或通过触摸、称重来进行。

触摸鉴定　触摸鉴定是较常用的方法。饲养人员用手触摸狐狸的脊背部、肋部和后腹。过肥的狐狸脊背平，肋骨不明显，后腹圆厚。过瘦的狐狸脊椎和肋骨突起，后腹空松。中等体况介于两者之间。

称重鉴定　采用此种方法鉴定时，应该有狐狸群的体重基础资料。一般在12月中旬，公狐狸体重6.8～7.8 kg，母狐狸体重6.0～7.1 kg。不同的狐狸群和个体间，体重存在着较大的差异。此种方法显然比较准确，但是由于称重比较麻烦，一般很少采用。有些狐狸场由饲养员用手提狐狸鉴别体况。

目测鉴定　目测鉴定靠观察狐狸体躯，特别是后臀是否丰满、运动是否灵活、皮毛是否光亮以及精神状态等来判定狐狸的体况。狐狸的皮毛丰厚，鉴定人员经验不丰富时，判断误差较大。一般臀部宽平或中间凹陷为过肥，臀部曲线如弧形(鸡卵的大头形状)为适中，臀部曲线隆起如鸡卵小头的形状则为过瘦。

体况鉴定后应做好记录，在笼箱上做好标记，对过肥、过瘦的个体采取措施，进行调整。

降肥方法如下：

加强运动　对喜欢卧在箱内的狐狸用挡板把进出口挡住，把狐狸隔在运动场上，每天用一定的时间逗引，增加运动。

控制食量　适当减少这部分狐狸的饲料给量。

调整日粮配方　如果是全群性偏肥，应适当降低日粮中含脂肪和碳水化合物高的饲料比例，适当地增加蔬菜饲料的含量。

增肥方法如下：

增加食量　对于个别偏瘦的狐狸，要增加饲料的给量。

调整日粮配方　若系全群偏瘦，则应适当提高日粮标准，增加日粮中脂肪和蛋白质的含量。对于个别狐狸食欲较差，要查找原因，对症治疗。

总之，对狐狸的降肥和增肥都要适度控制，不要大起大落，饲料的改变也要逐步进行，一般不提倡饥饿减肥。鉴定体况一般在12月初进行。

(5)异性刺激　准备配种后期把公狐狸笼和母狐狸笼间隔摆开，使公、母狐狸接触时间延长，刺激性腺发育。

(6)加强运动　采取多种方式，促使种狐狸运动，增加活动量，可使狐狸的食欲增强，体质健壮。运动能使种狐狸的发情正常，性欲旺盛。公狐狸配种能力强，母狐狸配种顺利。

(7)做好配种前的准备工作　配种开始前(1月初)就要做好人员安排和培训，制定出选配方案，落实生产指标等项工作。

配种期的用品也要事先准备好，如记录卡片、抓狐狸钳、捕狐狸网、手套、显微镜等。

二、配种期的饲养管理

配种期公、母狐狸由于性欲的影响，食欲下降，体质消耗较大。配种期间，大多数狐狸的体重下降10%～15%。所以，此期要加强饲养管理，供给优质全价、适口性好、易于消化的饲料。适当提高新鲜动物性饲料的比例，使公狐狸有旺盛、持久的配种能力和良好的精液品质，母狐狸能够正常发情，适时配种。对参加配种的公狐狸，中午可进行一次补饲，喂给一些肉、肝脏、蛋、奶、脑等优质饲料，增加蛋白质浓度。饲养易供给少而精的饲料，保证其体内消耗所需要的营养成分，控制膘情，调整好种狐狸体况，同时为了改善饲料的适口性，应增加鸡肠子、杂鱼等下脚料，并且供以充足的维生素和矿物质饲料。

在狐狸配种期，除注意营养供应外，还要抓好该期的日常管理工作，通常采用目测、手摸、称重和体重指数相结合的方法检查种狐狸，促进内生殖器的正常发育，以获得生命力强的两性细胞。提高繁殖力每天应检查母狐狸发情情况；随时注意关好笼门，防止种狐狸跑掉；及时放对配种，严防公、母狐狸咬伤，影响发情配种；做好配种记录工作；保证狐狸场安静，狐狸对周围的环境非常敏感，特别是种公狐狸最易受惊。统计表明，约20%的公狐狸由于外界环境干扰而导致配种能力下降。因此，应保持饲养场内的相对安静，避免外人进场，全部操作由饲养人员负责进行。合理喂养，配种期可采用下午一次喂食，早晨和上午的时间用来配种，上午配种结束后，立即进行种公狐狸的补饲，保证饮水，因配种期狐狸的运动量较大，要保证饮水的清洁卫生、水源充足。此期要经常观察狐狸群的食欲、粪便、活动等情况，做到心中有数。保持笼舍、地面、食具等的清洁卫生，要经常清除室内的粪便，勤换垫草。

三、恢复期的饲养管理

种公狐狸配种结束后，母狐狸断乳分窝后到配种准备期，这个期间称作恢复期。空怀母狐狸也归入恢复期群饲养。对于狐狸恢复期的饲养与管理常常被饲养者所忽视，当公狐狸配种结束后，母狐狸即进入妊娠期，一般把精力放到怀孕母狐狸上，而当仔狐狸断乳分窝后，又把工作的重点放到了育成期幼狐狸的饲养管理上。事实上，做好种狐狸恢复期的饲养管理工作，对第二年的繁殖有重要意义。

四、妊娠期的饲养管理

妊娠期是养狐狸生产的关键时期，此期的日粮组成和饲养管理是否得当，将影响全年的生产。因此，搞好此期的饲养管理是非常重要的。

准备产仔箱，一般预产期前两周，将产箱清理、消毒，用柔软的垫草絮窝。垫草除具有保温作用外，还有利于仔狐狸的吸乳。絮窝时应一次絮好，防止产后缺草，临时补加而使母狐狸受惊。狐狸产仔时，天气仍然较冷，产箱裂缝要用纸糊好，以利于保温。

母狐狸在产仔前自行拔掉乳房周围的毛，若不拔或拔得较少，可人工辅助拔毛。母狐狸在产仔前出现体温下降，出现1～2顿厌食或拒食是正常现象，不要随意投药。产仔期应保持昼夜都有充足的清洁饮水。

狐狸是多胎动物，胎儿发育相当幼稚，身体比较柔软，胎儿发育与母狐狸产道相适应，很少发生因胎儿过大而引起难产。狐狸难产多半是母狐狸阵痛无力或胎儿死在腹中，失去配合母体阵痛进入产道的能力。无阵痛力的母狐狸多半是老弱狐狸或营养不良的母狐狸。在分娩过程中，突然受到意外刺激，使产程及胎位、胎势等发生变化，也会造成难产。一般阵痛经过12 h仍不能顺利分娩出，就应考虑发生难产，要及时实施人工助产。为促进阵痛，可向产道灌注40℃温水，刺激阵痛，也可注射催产素、垂体后叶素、麦角新碱等催产药。为协助分娩或帮助阵痛，可用手隔腹壁将胎儿推向产道，这时母狐狸应采取前高后低的站立姿势。上述方法无效时，可考虑及早进行剖腹产手术。对不会护理产后仔狐狸的母狐狸，实施人工剥离仔狐狸头部胎衣，断掉脐带，送给母狐狸吃掉，并且迅速擦干净仔狐狸口、鼻及全身黏液，将仔狐狸放入保温箱内取暖。产仔结束后，为母狐狸肌注青霉素80万U和催产素，使其排尽腹内残留物和淤血。产后缺乳、乳量不足或产仔数超过母狐狸哺乳能力，可将其全部或部分仔狐狸交给产仔数少、产期相近、乳量充足、母性强的母狐狸代养。因母性不强，拒绝接受哺乳的母狐狸，要实行人工强制哺乳，经多次反复后，母子亲和增强，即能自行哺乳和护理。产出的仔狐狸往往出现假死现象，即仔狐狸未死，但不呼吸。对于这样的仔狐狸要迅速擦干口鼻部黏液，提起后肢轻轻拍动，造成腹壁一张一弛，或有节律地按压腹部，或向身上喷洒冷水和促进呼吸，然后将其放在40℃温水中（头露出水面），使其体温逐渐上升，以保证心脏和肺脏的正常活动。

一般情况下，由于初产母狐狸尚处于生长发育阶段，对能量和蛋白质的要求比经产母狐狸高。另外，品种也是影响采食量的因素，蓝狐由于每胎产仔数较多，因此对日粮中营养成分的要求较高。银黑狐和蓝狐的配种期不同，所以产仔期相差很多，当银黑狐处于产仔期时，蓝狐刚刚进入配种旺期。因此，既要做好银黑狐妊娠后期和产仔期的工作，又要做好蓝狐的配种工作。

妊娠母狐狸的新陈代谢十分旺盛，对饲料和营养物质的需要比其他任何时候都严格。此期日粮除了供给母狐狸自身生命活动、春季换毛和胎儿发育所需要的营养物质外，还要供给产后泌乳的营养物质。因此，拟定日粮时，要尽量做到营养全价，保证各种物质的需要，尤其是蛋白质、维生素和矿物质饲料的需要。对饲料的要求是营养全价，品种稳定，品质新鲜，适口性强。

妊娠期狐狸对蛋白质的需要量为代谢能的30%（25%～40%），可消化蛋白质及维生素（维生素A、维生素B_1）不足，会造成全部胎儿吸收。缺乏B族维生素会延长怀孕期。在妊娠母狐狸的日粮中，补充硫酸亚铁，可预防初生仔狐狸缺铁症。当在饲料中补充钴、锰、锌时，可降低仔狐狸的死亡率。

妊娠前期母狐狸采食量开始增加，日粮中的能量水平应相对高一些，妊娠后期饲料中蛋白质水平适当提高，以满足胎儿迅速发育的需要。初产母狐狸由于身体还处于生长发育阶段，能量水平要比经产狐狸高一些。狐狸在产仔前一段时间食量减少，要适当减少饲料的供应。

妊娠期母狐狸的饲料质量较差时，会导致流产或烂胎。

母狐狸妊娠期饲料要求营养全面、品种稳定、品质新鲜、适口性强、容易消化。妊娠母狐狸的食欲普遍增加，但妊娠初期不能马上增量，妊娠前期以始终保持中上等体况为宜。正常的妊娠母狐狸基本上不剩食，粪便呈条状，换毛正常，多半在妊娠 30～35 d 后腹部逐渐增大。当母狐狸经常下痢或排出黄绿稀便，连日食欲下降甚至拒食和换毛不明显时，应立即从饲料上查明原因，及时采取相应措施，否则将导致死胎、烂胎和大批空怀。鲜肝脏、蛋类、乳类、鲜血、酵母等能提高日粮的适口性，应适当添加。妊娠期不可喂得过肥，如果在妊娠的第 4 周时腹部明显增大，不爱活动，往往会导致大批空怀。在妊娠期注意观察全群的食欲和营养状况，适当调整日粮标准，日粮能量水平在妊娠初期每天给予 2 340～2 510 kcal。妊娠后期为 1 880 kcal，日粮中动物性饲料要提高到 70%，谷物饲料要占到 25%，果菜类占 3%，维生素和骨粉等要占到 2%，酵母 5～10 g，鲜肝脏 15～20 g，保证每天鸡蛋 1 个，并且注意保持环境的安静。临产前一段时间，胎儿基本发育已经成熟，在母狐狸的腹腔内占据了较大的体积，致使母狐狸的胃容量相对减少。因此，供给母狐狸的饲料量应减少 25%左右。

科学管理是保证母狐狸妊娠的关键。因此，应注意母狐狸的日常管理工作。

①供给清洁饮水　母狐狸临产前后，多半食欲下降，因此，日粮应减去总量的 1/5，并把饲料调稀。此时饮水量增多，要经常保证供给清洁饮水，但也要防止狂暴饮水。

②预防疫病　妊娠期间，要认真搞好卫生防疫工作，经常保持场内及笼舍的干燥、清洁，搞好饲料室的卫生，对饲喂用具要严格刷洗消毒。同时，饲养场必须保持安静，禁止不必要的捕捉，谢绝参观，以防母狐狸受惊。每天要注意观察和记录每只妊娠狐狸的食欲、活动表现及粪便情况，及时发现病狐狸给以治疗。

③絮好垫草　根据预产期，产前 5 d 左右时彻底清理母狐狸窝箱，并进行消毒。絮草时，把产箱内四个角落的垫草压紧，并按

其窝形营巢。

④合理光照 妊娠期不能将狐狸饲养在光线较暗的棚舍内，此期无规律地增加光照或减少光照，都会导致繁殖率的降低。

五、哺乳期的饲养管理

母狐从产仔到仔狐断乳分窝，约需 8 周，此时间也称为仔狐的哺乳期。此期的中心任务是产仔保活，促进仔狐生长发育。产仔后的雌狐母性很强，泌乳能力也很高，每昼夜的泌乳量要占体重的 10%～15%，而且狐狸乳的营养价值很高，其所含营养物质几乎是牛奶的 1 倍。母狐乳质的好坏直接影响到仔狐的生长，一般情况下，泌乳母狐的饲料应含有 2 720 kcal 的热量。除此以外，在供给哺乳期母狐狸的日粮时，必须考虑一窝仔狐的数量，每带 1 只仔狐平均要给泌乳母狐狸增加热量标准为哺乳 1～10 d，每天增加 420 kcal；哺乳 11～20 d，每天增加 630 kcal；哺乳 21～30 d，每天增加 940 kcal；哺乳 31～40 d，每天增加 1250 kcal；哺乳 41～50 d，每天增加 1 460 kcal；哺乳 51～60 d，每天增加 1 670 kcal。仔狐对乳的需要量随日龄的增加而提高，但开始采食后逐日下降，母狐泌乳量也逐渐减少。

母狐狸由于产仔、哺乳，身体消耗很大，需要足够的营养物质来补充。因此，应加强母狐狸的饲养。哺乳母狐狸的日粮中鱼、肉、乳类应占到 70%，谷物饲料占 25%。在哺乳仔狐狸数量多时，母狐狸每天饲料的总量应达到 2.0～2.5 kg，且每天应饲喂 3 次。饲料配合比例：鱼、肉类 195～320 g，谷物类 45～56 g，蔬菜类 46～75 g，乳类 130～140 g，骨粉 10～11 g，酵母 9～10 g，食盐 2～2.5 g(以上为每只日用量)。母狐狸产后 1 周左右，食欲会迅速增加，应根据其胎产仔数和仔狐狸的日龄以及母狐狸的食欲情况，每天按比例增加饲料量。哺乳期为增加母狐狸的泌乳量，可用骨肉汤或猪蹄汤拌在饲料中。

母狐狸在产仔哺乳早期，神经系统高度兴奋，对周围环境的声音极为敏感。外界环境的刺激，如噪声、异物等惊吓，都会引起母狐狸弃仔、咬仔、吃仔，应消除干扰源。无异声、异物刺激后，母狐狸自行逐渐恢复正常。对个别母狐狸仍持续惊恐不安、弃仔不护的，可以把母仔分开，进行代养。为了保持安静，饲养工作人员不宜穿艳丽的衣服，晚上值班人员动作要轻，禁止用手电筒乱晃、乱照。具体应做到以下几点：

①保证狐场安静　严禁在附近燃放鞭炮和机动车鸣喇叭，避免惊吓母狐狸而影响泌乳量。

②确保饲料卫生　不喂发霉变质饲料，否则，会引发母狐狸患肠道疾病。

③注意小室卫生　仔狐狸在生后 20～28 d 时开始吃母狐狸叼入产箱内的饲料，所以要注意经常打扫小室，防止其中的饲料酸败，以免仔狐狸食后发病。

④清洁饮水　产仔哺乳期要经常不断地供给清洁饮水。

⑤饲料加工要细致　由于仔狐狸从 20 d 左右时就吃饲料，所以此期的饲料加工要细碎，同时，保证饲料新鲜、优质和易于消化吸收。

第七章　狐皮的初加工

第一节　毛皮的构造

一、皮肤的构造

狐狸的皮肤依品种、年龄、性别、季节、营养及身体部位不同而有变化。但其主要构造基本相同，是由表皮、真皮和皮下组织构成。皮肤一般厚度为0.14～0.3 cm，其中表皮的相对厚度为皮肤的1%～2%，真皮的相对厚度为皮肤的90%～92%，它是毛皮的最基本一层，由胶原纤维、弹性纤维和网状纤维组成，决定皮肤的强度和耐用性；皮下组织的相对厚度为皮肤的6%～10%，由疏松结缔组织构成，积聚大量脂肪和一部分肌肉，在制裘、制革中是无用的，在毛皮初步加工时还有碍水分的蒸发，对皮张干燥不利。因此，在初步加工时要全部除掉。

1.表皮

在显微镜下观察，表皮可分为角质层、透明层、粒层和生发层四部分。

(1)角质层　由大量的扁平角化细胞构成，细胞内含有角蛋白，是由角母素变化形成的，细胞内无核。这种细胞常集合成鳞片状，极易脱落。

(2)透明层　由1～5层菱形细胞组成，细胞内含有无色透明的角质颗粒，嗜碱性。胞核染色淡，有退化分解趋向，这是角化开始的象征，细胞界限不清，但仍有细胞间桥。

(3)生发层　又分为圆柱层和棘层。圆柱层直接与真皮连接，细胞呈圆柱形，增生机能旺盛，经分裂产生其他诸层的表皮细胞。有色皮肤区域，细胞内含有许多色素颗粒。细胞的基部有纤细的齿状突起，伸入真皮结缔组织中，以加固表皮的附着力。棘层细胞多数呈多角形，靠近粒层，逐渐变成扁平形，细胞间界限非常明显，有细胞间桥。张力原纤维即通过细胞间桥连接在行成串的细胞。张力原纤维的伸张方向不定。

因为表皮是由逐渐角化并紧密结合的细胞组成，所以具有疏水性，对酸、碱、盐和有毒气体有较强的抵抗力，起着保护动物的作用。

2.真皮

真皮是皮肤的中间层，也是毛皮的最厚的一层，其致密的结缔组织是制革的物质基础。真皮层可分为乳头层和网状层，两层之间无明显的界限。乳头层和网状层的厚度是不恒定的，依据被毛的脱换而变化。在被毛成熟期，乳头层薄，而被毛脱换期，乳头层厚。因此，乳头层和网状层的薄厚变化，影响着真皮的厚度，即被毛成熟期，真皮层紧密而薄，结实耐用；被毛脱换期，真皮层松弛而厚，耐用程度差。

真皮由胶原纤维、弹性纤维和网状纤维等结缔组织构成。纤维之间分布着纤维细胞、组织细胞、色细胞、脂肪、纤维间质以及汗腺、皮脂腺、竖毛肌、毛根、血管、神经、淋巴等。其中，皮脂腺是毛囊的附属物，分泌出的蜡状物质，可使表皮表面滑润。

3.皮下组织层

皮下组织层是皮肤的最深层，主要由疏松结缔组织构成，主要起保温和贮藏营养物质的作用。可分为两层：脂肪层和肌肉间层。皮下组织层把真皮层与狐狸体连接起来，但连接不十分牢固。因此，在被毛成熟期，很容易剥下。

皮下组织层在制裘和制革中是无用的，当生皮晾晒时，脂肪使水分蒸发速度减慢，同时，在温度适宜的条件下，细菌会大量生长和繁殖，使皮毛腐烂。因此，应全部除掉。

二、被毛的构造

被毛是由峰毛、针毛、绒毛构成，也称表毛或被毛。狐狸的被毛是由无髓毛和有髓毛按一定比例组成。有髓毛分为定向毛和针毛；无髓毛分为两型毛和绒毛；还有触毛。

1.定向毛(峰毛)

这种毛又长又粗，其尖端突出于被毛的表面，呈纺锤形或锥形，髓质很发达。鳞片属非环形或砌形，弹性好，是动物的触觉毛，毛干直而光滑，起导热、防水和防湿作用，占被毛总数的0.1%～0.5%。

2.针毛(盖毛)

比定向毛短，但不比定向毛细，呈纺锤形或披针形，髓质很发达。鳞片呈非环形，弹性较好，起保护绒毛不缠结和导热的作用。针毛发育的好坏，直接影响被毛的美观和耐磨性，占被毛总数的2%～4%。

3.两型毛

这种毛介于有髓毛和无髓毛之间。毛干比有髓毛短，其下端与真无髓毛的细度相近，呈披针形，髓质不发达，鳞片呈环形或非环形。

4.绒毛

这种毛上下粗细基本相同，呈圆柱形，没有髓质层，鳞片呈环形，通常带有不同类型的弯曲，如曲折形、涡旋形、卷曲形、螺旋形等。在被毛中形成一个空气不易流通的保温层，减少动物体热量失散，起防寒、保温的作用。绒毛在被毛中最柔软，最短，颜色较浅，色调统一，数量最多，占被毛总数的95%～98%。

5.触毛

触毛是狐狸的感觉器官之一,长而粗,且有弹性,髓质发达,分布于狐狸的头部和胸前部,其基部有很多神经末梢。

三、毛根的构造和毛生长期的皮肤变化

1.毛根的构造

毛根顶头叫毛球,裹着毛根的皮肤叫毛囊,毛球的正中心有凹,其凹部上边的中心连接着髓质层,凹部的对面,是皮肤的皮质层凸到毛球的中心部叫毛乳头。

2.毛根的变化

毛在生长时,毛根是有变化的。从胚胎毛起至毛皮的成熟期以前,毛球一直是开放的,由它供应毛的营养和色素细胞。当毛生长到成熟期,毛孔头封闭,毛根变成圆形,此时的毛板洁白而薄,标志着毛皮完全成熟。

3.皮肤的变化

毛生长时的变化,影响着皮肤的变化。当生成胚胎毛时,皮肤松弛而且加厚,产生大量的色素细胞,随着被毛的生长,色素从皮肤中不再产生色素细胞,皮板洁白。当被毛开始脱落时,皮板又开始增厚,皮肤中又出现生色素细胞。由于季节的变化,毛根在皮肤中的位置也有变化。毛绒生长期毛板位于真皮层中的下层,靠近皮下组织层,毛绒成熟初期,毛根位于真皮层的上层,以后逐渐上升,直至脱落。

4.被毛颜色变化

被毛的颜色也随季节变化,秋季毛色深而且光亮;冬季毛绒光泽感更强,毛干较直,毛干上下的粗细和毛根接近;春季被毛无光、干枯,毛尖有劈梢。毛绒的倾斜和弯曲,是由毛囊的倾斜度和弯曲度决定的。直线倾斜的毛囊,生长出来的毛是直的,多为峰毛和针毛;变曲毛囊生长的毛是弯曲的,多为绒毛或卷毛形的毛。另外,

毛的倾斜度还受毛的密度影响，凡是毛绒密度大，峰毛和针毛的倾斜度就小，反之则大。但绒毛越丰厚，弯曲越多，绒毛越空疏，则弯曲越少。

四、被毛的脱换

被毛在一定的气候条件下，皮肤和体内组织发生相应的变化，毛纤维陆续脱落，在脱落的同时或以后长出新毛，由新的被毛代替旧的被毛，这一过程称为被毛的脱换。有经常性的、病理性的、年龄性的和季节性的脱换。

1.经常性换毛

在全年的各个季节里不断有少量的毛脱落，同时又有少量的新毛生成。经常性换毛的原因是由于毛纤维衰老、毛球角质化，毛的正常营养供应遭到破坏，毛的生长受阻而引起的脱换。

2.年龄性换毛

幼狐狸长到一定年龄后，脱掉柔软的胎毛，长出和成年狐狸一样的被毛。

3.病理性换毛

当狐狸生病时，尤其是某些皮肤病（如疥癣），或者新陈代谢发生障碍时，因营养不良而引起的换毛。

4.季节性换毛

狐狸换毛过程分为春季和秋季两次脱换。

春季脱换　冬末，狐狸的皮脂腺停止分泌，毛纤维开始失去光泽，针毛变阴暗粗糙，绒毛开始粘合，同时出现毛干弯曲、脆弱等现象。此期，皮肤比冬季薄而枯干，胶原纤维小束变细，毛根基部上升到毛囊上部。因此，毛与皮肤的结合强度减小。

春季换毛序　春季换毛时，冬季毛绒一般从前往后脱落，首先是头、颈和前肢部；其次是两肋和脚部，进一步扩展到背部；最后是臀部和尾部。夏毛也按此序生长。春季脱换期中，皮板的颜色发生变化，一般狐狸的皮板由红色逐渐变为灰青色。

秋季脱换　当夏毛尚未开始脱落或脱落不明显时，新生冬毛就开始从皮肤中钻出。春季脱换，是已经脱净了冬毛或者即将脱落的部位上长出夏毛纤维，而秋季脱换则在浓密的毛丛中长出冬毛纤维。冬季被毛除了由夏毛球茎部细胞分裂而形成以外，还有夏季处于静止状态旧的冬季绒毛球茎也长出的新毛，所以，冬季被毛比夏季被毛丰厚。

秋季换毛序　夏季毛绒一般是从后向前脱落，先从尾部和臀部开始，然后是背部和两肋部，进一步扩展到颈部和腹部，最后前肢和头部。冬季毛绒也按此顺序生长。在秋季脱换期中，皮板由青黑色逐渐变为青白色。

五、毛皮的季节特征

1. 冬皮

冬皮即立冬至立春所产的皮。其特征是：针毛稠密、平齐，绒毛丰厚灵活，色泽光润，皮板细韧，油性好，呈白色，尾毛蓬松。

2. 秋皮

即立秋至立冬所产的皮。

(1)早秋皮　针毛粗短，稍有底绒，夏毛未脱净，皮板厚硬，呈青色，稍有油性，尾毛短。

(2)中秋皮　针毛较短而平伏，底绒稍厚，光泽较好，头、颈部有少量夏毛，皮板厚，呈青色，有油性，尾毛较短。

(3)晚秋皮　针毛整齐，底绒略显空疏，光泽好，皮板较厚，颈、臀部呈青色，油性较好，尾毛丰满。

3. 春皮

即立春至立夏所产的皮。

(1)立春皮　毛绒变脆弱，光泽减退，绒毛稍欠灵活，皮板略显厚硬，颈部呈粉红色，油性差，尾毛略有弯曲。

(2)正春皮　针毛略显现弯曲，绒毛粘合，干涩无光，皮板发红，显厚硬，枯燥无油性，尾毛勾曲。

晚春皮　针毛枯燥，弯曲，零乱，绒毛粘合或者浮在被毛表面，皮板厚硬，呈红黑色，尾毛脱针。

4.夏皮

由立夏至立秋所产的皮。其特征是：针毛稀短枯燥，绒毛稀少，皮板薄弱，呈白色，尾毛稀短，多数没有制裘价值。

第二节　狐皮的剥取

一、取皮的适宜期

狐狸屠宰取皮时间的确定，应取决于毛皮的成熟程度。毛皮的成熟期受到各地气候条件、饲养管理水平以及性别、年龄等诸多因素的影响，一般取皮多在冬季或春初。如果屠宰取皮过早或过晚，都会影响毛皮的质量和使用价值。狐狸每年换毛一次，春季3—4月份首先是脱换绒毛，在绒毛脱换的同时，针毛也迅速生长与脱换。换毛首先从头、颈和前肢开始，其次是两肋和腹部、背部，最后是臀部和尾部。换毛完毕并不等于毛皮成熟，还需要一段的生长过程。因此，狐狸屠宰取皮，一定要准确地把握好时间，尤其是在人工养殖的条件下更为重要。狐狸的毛皮成熟时间需在大雪之后，银黑狐应在12月上旬，北极狐应在11月上旬，这是按常规的大致时间。由于各个饲养场所在的地理位置及气候条件不一，饲养水平差异，要根据各自的毛皮成熟程度来决定取皮时间。

要准确地确定狐狸的最佳屠宰取皮时间，主要是在屠宰取皮前对毛皮的成熟情况进行鉴定。其毛皮成熟的标志是：毛绒丰富，针毛直立，被毛灵活有光泽，尾毛蓬松，转动身体时，颈部和躯体部出现条条“裂缝”，吹开被毛能见到粉红色或白色皮肤。试宰剥皮观察皮板，如躯干皮板已变白，尾部、颈部和头部皮板略黑，即可屠宰取皮。

二、处死的方法

处死狐狸的方法很多，但以处死迅速，毛皮质量不受损失和污染，而且经济实用为原则，常用的处死方法有：药物处死法、心脏注气法、棍击法、折颈法、水淹法和触电法。

1.药物处死法

一般常用肌肉松弛剂司可林（氯化琥珀胆碱）处死。剂量为每千克体重 0.5～0.75 mg，皮下或肌肉注射，注射后 3～5 s 即死亡。死亡前无痛苦，不挣扎。因此，不损伤和污染皮毛。残存在体内的药物无毒性，不影响尸体的利用。

2.心脏注射空气处死法

一人用双手保定住狐狸，术者左手握住狐狸的胸腔心脏部位，右手拿装有 7 号针头注射器，将针头插入心脏，如见有血回流，即可注入 10～20 mL 空气，狐狸便因心脏瓣膜损坏而迅速死亡。

3.折颈法

操作者将狐狸先用木板猛击吻部至晕，然后将其放在坚固平滑的物体上，先用左手压住其肩背部，用右手心托住下颌部，将头部向后猛折，然后用手用力把头部向下按压，并略向前推进，当听到有折断声，折断颈椎即可致死。两手下按时，必须迅速用力，特别是处死公狐狸时反应如此。折颈前，切不可用木棍或铁器打狐狸的前胸；以免溢血而污染被毛。本法可使狐狸迅速致死亡而不损伤毛皮，不需要特制设备。

4.棍击法

此法简单，可以消除屠宰时狐狸的挣扎，方法是用棍棒或刀背猛击狐狸的后脑或眉间，使其脑部受震荡而死亡。但有些狐狸仅陷于昏迷状态，并未死亡。如这时马上剥皮，往往流血较多，容易污染毛皮。

5. 触电法

用两支小金属棒，一端接在220 V电源上，一支棒插入处死狐狸肛门或按在趾掌上，另一支放狐狸口内，接通电源后，10 s即可致死。

狐狸处死后应放在干净凉爽的地方，切忌堆放，否则会因尸体余热而引起脱毛。如不能及时剥皮加工，要将死狐狸放在－1～10℃下保存，防止温度过高微生物及酶破坏皮板。

6. 窒息法

需要密闭的箱一个和胶管一条（长 15～20 m，直径约30 mm），先将狐狸赶到串笼里，一层层垛在密闭箱内，盖紧箱盖，然后用胶管将汽车废气导入箱内，经3～5 s可致死。

三、剥皮

屠宰后，要趁狐狸尸体还有一定温度时，尽快进行剥皮。尸体不要长时间放置，以防止因尸僵冷凉而给剥皮造成困难。整个工序要皮不落地，尽量避免溢血污染毛皮。为了保证皮张的完好性，剥皮时要尽量避免割伤皮张或使皮张上留有残肉。操作者要掌握好剥皮技术，严格按要求操作。

狐狸的剥皮方法主要有圆筒式、袜筒式和片状式三种。剥皮时要下刀准确，剥离皮肉时要轻，不能将皮板划破，皮板上也不能残留油脂、肌肉。剥皮所需器具主要有挑刀、剪刀、小米粒大小的硬木锯末或粉碎的玉米芯，禁用麸皮或有松脂的锯末。

毛皮加工的基本要求是：剥皮适当，皮形完整，头、腿、尾完全，抽出尾骨、腿骨，除净油脂，开后裆，毛朝外，圆筒晾干。

1. 圆筒式剥皮法

先挑开后肢及尾部，由后裆开始向头剥成筒皮。

挑裆　可先挑尾，也可先挑后肢。先挑尾时固定两后肢，用挑刀于近尾尖的腹面中线挑起，至肛门后缘，将一后肢固定，在第一后肢掌心下刀，沿后肢长短毛分界线贴皮挑至距肛门 1 cm 处，折向肛门后缘与尾部开口汇合，交换两后肢，同样方法挑至肛门后缘。最后把两后肢挑刀转折点挑通，去掉肛门后的小三角皮。也可先由后肢贴皮挑起，方法如上，再由两后肢挑刀转折于肛门后缘的交点向尾尖沿尾腹正中线挑开一段，直接抽尾即可。

抽尾骨　用挑刀将尾中部的皮于尾骨剥开，用手或“U”形抽夹抽出尾骨。

剥皮　由后向前剥离，剥后肢时先用手插入后腿的皮与肉之间，小心剥下后肢的皮，保留后肢的皮，剥至掌骨时细心剥出最后一节趾骨，用剪刀剪开，保证后肢完整带爪。后肢剥完后，用手向头翻拉剥皮，公狐狸剥到腹部，要及时剪断阴茎，以免撕坏皮张。剥至前肢，左手握紧皮，右手用挑刀在耳根基部、眼眶基部、鼻部贴着骨膜、眼睑和上、下颌部小心剥离皮肉连接处，使耳、眼和鼻唇完好无损，即可得到一张完整的筒皮。

2. 袜筒式剥皮法

由头向后剥离，操作时，先用钩子钩住上腭，悬挂起来，用挑刀沿唇齿连接处切开，分离皮肉，用退套方法，逐渐由头向尾翻剥，眼和耳根的剥离同圆筒式剥离方法，四肢也采用退套法往下脱，当脱剥至爪时，将最后一节趾骨剪断，爪连于皮上。最后割断肛门与直肠连接处，抽出尾骨，将尾从肛门翻出即剥成毛朝里，板朝外的圆筒板。要求保留头、眼，腿和胡须完整。

3. 片状剥皮法

片状剥皮法最为普遍。剥皮时，先沿腹中线，从腭下开口直挑至尾根，然后将前后肢横切开，剥离出一个片状皮。

在整个剥皮过程中，应随时在剥离处撒上锯末。当剥至四肢时，先用手指将四肢基部的毛皮剥离，再用手抓住肢体由内向外抽出，使腹部的毛皮呈筒状，皮板朝外。如果需要破开后腿，则将伞条插入一支腿皮筒里，经生殖器下方穿到另一支腿皮筒里，用刀顺着伞条槽将皮破开。体两侧和四肢皮脱离后，再把尸体翻过来剥离背部的皮。在剥皮过程中，应随时用小刀轻轻地刮掉皮板上附着的肌肉和韧带，所有的脂肪都应在皮板干燥前去净，否则，皮板干燥后，处理是十分困难的。剥头部皮时，应将尸体头部朝向操作者，当剥到眼部时，用刀把眼膜切断，否则，容易撕破眼眶周围的毛皮。当剥到鼻和嘴唇时，切断与皮肤连接处，这就使毛皮与胴体完全分开了。

第三节　狐皮初加工

狐皮的初步加工，包括刮油、洗皮、上楦、干燥、下楦和皮张整理等。

一、刮油

剥下的鲜狐狸皮上常附有油脂、血迹和残肉等，都需要先刮除，使之易于干燥。刮油时，先将狐狸皮筒套在胶管或光滑的圆形楦板衬垫于筒内，使之自然舒展，头部放在剥皮台上。刮油用力要均匀，要求持刀要平稳，动作要轻快。初刮油者，最好用较钝的刀，由尾向头方向推进，刮时皮张要伸平展，边刮边撒锯末，并及时用锯末擦皮毛和手，以防油脂污染皮毛，对刮不下来的油脂和残肉可用剪刀剪掉。刮至母狐狸乳头和公狐狸生殖器孔时，用力要轻，防止刮破。

刮油时必须注意以下几点：

(1)为了刮油省工、省力，应在皮板干燥以前进行。干皮需经充分水浸后，方可刮油。

(2)刮油的工具，一般采用竹刀或钝铲，也可用电工刀，刀刃不必太锋利。

(3)刮油的方向,应从尾根或后肢往头部刮,刮刀一定要平稳,用力均匀,切忌过猛。

(4)边刮油边用锯末搓洗皮板和手指,以防油脂污染皮毛。

(5)刮油时,必须将皮板平铺在木楦上,勿使皮皱折,否则易刮破。

(6)头部皮上的肌肉不易刮净,可用剪刀除去残肉。

二、洗皮

刮完油脂后要进行洗皮,即用锯末或麸皮,先搓洗皮板的浮油,直到搓至不粘锯末或麸皮为止,然后将皮板翻过来洗净被毛上的油脂和其他污物,反复多次的抡毛,顺毛揉搓,结合木条抽打,彻底除掉被毛上的浮油污物。

洗皮用的锯末或麸皮一律要过筛,太细的锯末或麸皮容易粘在皮板或毛绒里,影响皮毛质量。不能用松木锯末,因其树油多,影响洗皮。

大数量洗皮时,可采用转鼓和转笼洗皮,先将皮板朝外放进装有锯末的转鼓里,转几分钟后将皮取出;翻转皮筒,使毛朝外放进转鼓里重新洗皮,为了抖掸锯末或灰尘,再将洗完的毛皮放进转笼里转一下。转鼓和转笼的速度控制在 18～20 转/s,运转 5～10 s 即可。

三、上楦

为了使皮张保持一定的形状和幅度,洗好的皮板需要上楦板。上楦板的方法首先是将皮筒毛朝外套在楦板上,将头部固定,然后均匀向后拉长皮张,使之舒展并自然延长,将眼、耳、鼻、四肢和尾等各部摆正,再把后缘用图钉固定在楦板上,最后把尾尽可能的往宽拉平固定。上楦板时也有将皮板向外上的,待皮干燥六七成时,再将皮筒翻成毛向外,上到楦板上干燥。这种方法易于干燥,毛皮不易腐烂变质，但较费工，如干燥程度掌握不好，易出现折板。

四、干燥

将上好楦板的皮张，运入干燥室，分层放置于风干机的皮架上，将皮张嘴套入风干机的气嘴上，让空气通过皮张胶腔带走水分风干。生皮最适宜的干燥温度是18～25℃，湿度55%～65%，严禁在高温（不得超过28℃）或强烈日光照射下进行干燥。在室温20～25℃，每分钟每个气嘴喷出空气0.2～0.36 m^3 条件下，24 h即可风干。

小型养殖专业户，可采取暖室自然干燥，即在室温18～25℃的条件下晾干，狐狸皮可采用两次上楦，晾至全干后卸下。

五、下楦及整理

经干燥后的皮张，因上楦和烘干的原因，有些下楦时，不太容易。所以此种情况下，严禁磕、砸楦板而损伤皮张，也禁忌用钳子用力夹拉皮张鼻部而造成皮张撕损。

烘干后的皮张，因板质较干燥，所以易出现皱褶，被毛不平顺，特别是颈部毛峰不易抖起，影响毛皮美观。因此，皮张下楦后必须进行加工整理。下楦的皮张需用锯末再次洗净，然后用转笼除尘，取出后，进行外观整理，使被毛毛向一致，可用密齿小铁梳轻轻将小范围缠结毛梳开，梳毛时动作一定要柔而轻，用力会梳掉针毛，最后用毛刷或干净毛巾擦净。5～10张一把，挂于皮张运输贮存车上，送到皮张贮存室内贮存。

第四节　狐皮的防腐技术

人工饲养条件下获得的狐狸皮，经上述处理后，为进一步贮存打下基础，但还需进一步处理。从狐狸身上剥下来的鲜皮，含有大量水分，皮上沾污血、泥土和其他脏物，时间过长，气温较高时，很容易腐烂。因此，对原料皮的防腐处理是狐皮工业中不可缺少的一个重要环节。常用的方法有干燥法、撒盐法、盐水浸泡法、盐干法和酸盐法等。

一、干燥法

采用此方法防腐的实质是除去皮中的水分，使细菌不具备繁殖的条件。皮张含水量不宜超过15%，否则易引起发霉。采用此法生成的干皮称为甜干皮或淡干皮。自然干燥时要将皮板展开，平铺在席上或钉在木板上，皮毛朝下，皮板朝上，放置在空气流通，阳光又不直接照射的阴凉处进行干燥。生皮最适宜的干燥温度是18～25℃，严禁在烈日下暴晒或在高温室内干燥。

目前狐狸皮干燥常采用烘干室烘干，烘干室的热源可用电炉、火炉、火墙、暖气等，室内温度要控制在25～30℃，湿度越小越好，通风要良好，一天之内通风3～4次。

干燥防腐法节省劳动力，操作简单易行，但干燥不得法易使皮僵硬，容易断裂和腐烂

二、撒盐法

将清理过的生皮面朝下，平铺于工作台上，把盐面均匀撒在皮板上，用盐量为皮重的30%左右。皮张厚的地方要多撒些盐，有皱褶弯曲的地方要拉平，然后每两张为一层(板对板)，堆成1～1.5 m高的皮堆，放置两周后，再逐张取下，抖去融化的食盐，将皮张卷起后存放。

三、盐水浸泡法

将生原料皮放在25%的盐水中浸泡一昼夜后取出，沥水2 h，进行堆积。堆积时再撒入为皮重25%的食盐。盐水浸泡时，为保

证盐浸质量，可每过 6 h 换一次旧盐水溶液，并保持 15℃的温度。加食盐时，再加入盐重 40%的碳酸钠，可防止盐斑。

四、盐干法

生皮经反复用盐脱水干燥(一般盐腌 12 d 左右，放盐量为皮重的 20%～25%)，可连续重复几次，直到皮干燥为止。此法适用于南方较热的地方，好处是用盐干法处理的原料皮经反复用盐脱水，皮张重量可减轻 50%，同时会延长贮存时间。用这种方法防腐力强，并且避免生皮在干燥时发生硬化断裂等缺点。

五、酸盐法

用食盐 85%、氯化铵 7.5%、明矾 7.5%的混合剂，将该混合剂均匀地撒在原料皮的板面上，并轻轻地揉搓，然后毛面向外，折叠成形，堆积 7 d，再抖去料剂后包装贮存。

第五节　狐皮的保存

入库的皮张要求隔热、防潮，而且要求仓库内干燥、清洁，有足够的光线。因此，贮存皮张的仓库要向阳，但又要注意避免阳光直射在皮张上。

一、仓库的条件

(1)建筑坚固，房基较高，房顶不能漏水。

(2)地面为水泥抹面或铺以地板块，墙根、墙角无鼠洞和蚁穴，墙壁能隔热防潮。

(3)库内通风良好，亮度适宜，避免阳光直射皮张，门窗玻璃以磨砂玻璃或有色玻璃为宜。

(4)库内装有温度计、湿度计和通风器，根据实际情况可增设吸湿器和调控器等。库内温度保持在 5～25℃，湿度保持在 60%～70% 为宜。

二、狐皮的入库检查和堆放

毛皮入库前必须经过严格检查，严禁湿皮和生虫毛皮入库。如果发现湿皮，应及时晾晒，发现生虫皮须经药品处理后方可入库。毛皮应按不同等级，分别放入木架或箱内，并在其上标明等级和数量。

生皮在仓库的堆放形式主要有两种：一种是铺叠式，将整张生皮完全铺开，使上面一张皮的毛面紧贴下一张的板面，毛面与板面相对，层层堆放；另一种是小包式，将生皮毛面向内折叠成小包状，将 8～10 个小包叠成一小堆堆放。

三、防虫、防鼠处理

因狐狸的皮肤主要由蛋白质组成，特别是原料皮极易滋生皮虫。因此，原料皮入库上垛贮存前要将皮铺平，于皮板上撒防虫药物，同时，为避免鼠害，应及时采用防范措施。

1. 虫害的防治

一般采用以下两种方法：

(1)将生虫皮张拿到库外，在远离库房处，用竹竿或藤条敲打皮张，使虫脱落，然后逐张喷洒杀虫剂。常用的防虫药物有亚砷酸钠、氟硅酸钠、三氯苯、精萘粉等。

(2)密封库房或把生虫皮张货垛用一块大型塑料布盖严，用磷化锌熏蒸，一般用量每立方米 3～5 g。

防虫施药人员，应使用良好的防毒面具，并穿工作服、胶靴、手套。施药完毕后，工作人员应洗澡，将全身清洗干净。

2. 鼠害的防治

发现鼠洞后，首先将鼠洞用水泥拌玻璃片或碎石片封堵，并在库内撒以灭鼠药或布置灭鼠夹等器具。

四、仓库管理

管理人员应经常观察库内温度和湿度变化情况，经常检查毛皮是否发霉或发生虫害、鼠害。

第六节　狐皮的包装和运输

一、包装

狐狸皮属于细毛皮类，张幅较小，皮张表面洁净。因此，最忌尘土污染和阳光直射。包装时，应按等级包装，一般每 20 张或 50 张捆成一捆，每捆两道绳，装入木箱或洁净的麻袋中，并喷洒适量的防虫剂，在包装上注明品种、等级和数量。

二、运输

原料皮容易吸水，为防止皮张霉烂变质，公路运输时，要备有防雨、防雪设备，凡是长途运输的皮张，必须经过检疫、消毒后方能发送。装卸车时，尽量保持库存时的原型，冻干皮特别是保存很久的干皮和冻皮更应注意防止折断。搬运原料皮时，要抓捆皮绳，注意勿机械折损，也不能只抓皮张四边角搬运，以免撕破皮张。

第七节　影响毛皮质量的因素

影响毛皮质量的因素很多，其中产区气候条件、狐狸种类、饲养管理条件、取皮季节等对毛皮质量的影响较大。在同样的饲养管理条件下，不同产区狐狸皮的质量有显著差异。我国东北和西北等北纬 30°以北地区所产的狐狸皮要好于其他地区。

一、自然因素

1. 性别、年龄对狐狸皮质量的影响

一般公狐狸皮比同年龄的母狐狸皮张幅大一些，皮板也厚，由于雌性狐狸经常妊娠和哺育仔狐狸，所以其被毛脱换拖延，被毛光泽不如雄性的好。

不同年龄的狐狸毛皮品质差异很大。幼龄皮，皮板薄弱，毛绒细短，色泽较浅；壮龄皮，皮板足壮，毛绒丰足，色泽光润；老龄皮，皮板厚硬、粗糙，毛绒粗涩，色泽暗淡。例如，银黑狐 2～3 岁时，毛皮品质最佳，1 岁时不仅皮张面积尚未达到最大的尺寸，而且被毛欠蓬松，银针数量少，板质不坚实，到 4～5 岁时，被毛略呈棕黄色，银针较多，白毛尖变黄，皮板强度减弱。

2. 环境对狐狸皮质量的影响

产于寒冷地区的毛皮，毛绒丰厚，斑纹欠清晰，皮板较薄；产于温暖地区的毛皮，毛绒短平，斑纹清晰，色泽较好，皮板细韧。

3. 营养、疾病对狐狸皮质量的影响

营养与毛皮品质有着密切的关系。狐狸的营养好，其皮板坚实、细韧，被毛光亮。寄生虫病和其他疾病也严重影响毛皮品质，患病狐狸的皮板瘦弱，油性差，被毛黏乱，欠光泽。

二、人为因素

1. 捕捉季节、方法对狐狸皮质量的影响

不同季节，狐狸处于不同阶段的被毛脱换过程中，其被毛的成熟度和皮板的组织结构都有很大差异，所以，严格控制捕捉季节是非常重要的。

捕捉工具和屠宰方法多种多样，如果使用不当，就会造成各种伤残，严重地影响毛皮的使用和降低其质量。有些捕捉工具和捕捉方法，不仅损伤毛皮，而且还能危害人、畜的安全，如炸药、火攻、

烟熏、毒箭、地枪等。

2.饲养管理对狐狸皮质量的影响

笼养狐狸如果日粮中缺乏蛋氨酸、胱氨酸等，将会出现毛皮发育不良，毛纤维强度明显下降；缺乏亚麻酸和亚油酸，因皮脂腺功能下降而使被毛光泽减弱；缺乏维生素和矿物质，导致毛纤维发育不良，使被毛褪色、脆弱等。

笼养狐狸的管理不善，房舍布局不妥，笼舍卫生不佳，以及氨气、太阳光直射和潮湿等原因，都可导致狐狸被毛色泽减退。

3.初步加工对狐狸皮质量的影响

正确的初步加工，可以有效地保证毛皮原有的质量。但初步加工方法不当，势必降低毛皮质量，如剥皮不慎造成刀洞、描刀、缺材、撕伤等。另外，晾晒方法不当，也容易造成脏板、油浸、贴板、掉尾、焦板、霉板、皱板等缺陷。

4.保管、运输对狐狸皮质量的影响

皮张在长期保管过程中，由于仓库漏雨、库房湿度过大、堆码挤压，以及虫蚀、鼠咬等原因，造成皮张霉变、腐烂以及咬伤等伤残。在运输过程中，受水湿、雨淋，或捆扎不牢，撕扯头、腿皮等，都会造成伤残，因而严重影响毛皮质量。

5.外源激素作用

目前常用的激素是褪黑激素(MLT)，又称皮毛早熟灵，是一种吲哚物质。东北林业大学野生动物繁殖实验室经过对5万多只水貂、狐狸和貉的皮下埋植试验，证实褪黑激素具有促使毛皮早熟1～2个月的作用。

埋植褪黑激素的要求：

埋植时间：成年狐狸在6月上旬至7月下旬，当年生狐狸在7月上旬至7月下旬。

用量：将褪黑激素加载体制成颗粒。剂量：7 mg，狐狸用2粒。

埋植方法：把埋植物放在皮下埋植器针头内，抓起动物颈背部皮肤，把针头插入皮下，推动针塞把植入物推入皮下。埋植器使用前后无需消毒。狐狸埋植褪黑激素后约 10 d，食欲增强。此时应注意给予合理的营养和饲料量，以使换毛正常进行，达到毛皮早熟的目的。

第八节　毛皮质量鉴别

毛皮品质的好坏直接影响价格的高低。因此，质量鉴别尤为重要。目前我国还没有统一的狐狸皮鉴定标准，但可以参照貉皮和国外狐皮的标准鉴定。狐皮品质的基本要求是：针毛平齐，密度适中，绒毛丰厚而灵活，皮毛色泽光润，板质良好，皮张式样符合狐狸皮初步加工要求。

鉴别皮张的品质，确定等级，是执行收购规格、贯彻价格政策的主要环节。各种皮张的品质差别很大，在收购规格中，对每个品种只能规定几个等级，作为衡量标准。因此，鉴别皮张品质时，要按照规格要求，结合使用价值，全面衡量，确定等级。

对所有裘皮的品质鉴别，都应以被毛的质量和影响被毛的伤残为主，兼顾板质。由于衡量毛皮品质的指标很多，而且不同用途的裘皮，对毛皮品质的各种指标又有不同的要求，所以鉴别各种裘皮时，应按国家采购规格等级标准分别对待。

鉴别皮张品质，应根据不同品种、不同皮形，采取不同的方法。

一、板朝外圆筒皮的鉴别方法

板朝外的圆筒皮，多为小毛皮，皮板薄，季节特征和各种伤残容易识别。鉴别时，应以看皮板为主，看尾和毛绒为辅。具体方法是：

(1)先分开有差价的公、母皮。

(2)一手拿皮张头部，另一手拿臀部，使尾部朝上，观察尾毛的色泽和蓬松程度。

(3)检验皮筒中的毛绒时，一手拿住头，另一手的大拇指和食指捻动皮筒，感触毛绒的丰厚程度。对开后裆的圆筒皮，应翻开后裆，进一步验证毛绒是否丰厚。发现胡须、尾毛无尖，有黄疙瘩时，再用手捻动皮筒，如感到局部有“沙沙”响声，即是火燎的表现。如果捻动皮筒，手感发涩，皮板呈暗灰色又发亮，很可能掉毛。

(4)检验皮板时，主要看季节特征，面积大小，有无伤疤、斑疹、血污等伤残，以及头、须、爪、尾是否完整。

二、毛朝外圆筒皮的鉴别方法

毛朝外的圆筒皮，鉴别时，以看毛绒为主，看皮板为辅。具体方法是：

(1)通常把皮放在验货台上，有差价的公、母皮要分开放，分别计价。

(2)一手拿头部，另一手拿臀部，先观察皮张正身部位，然后翻转过来，使皮筒背部向下，腹部朝上，察看腹部毛绒及伤残。

(3)两手将皮张拿定后，先抖动几下，使全皮毛绒蓬松竖立起来，以便观察毛绒丰厚、灵活程度和伤残。要侧重观察颈部、脊背部的毛绒是否丰厚。一般来说，颈部的毛绒丰厚，全身被毛也就丰厚。然后将皮平放在验货台上(或场地上)，一手按住头部，一手顺毛轻推全皮毛绒，查看有无流针、掉毛或飞绒等。最后确认皮张的生产季节，翻看臀部皮板的色泽。在全面衡量的基础上确定等级。

(4)对按尺码计价的圆筒皮，要分别量尺计价，及时拴上标签，以免差错。

第二篇

狐狸疾病防治

第八章 狐狸传染病

第一节 大肠杆菌病

狐狸大肠杆菌病是幼龄狐的一种细菌性传染病，常呈败血性经过，伴有严重的下痢并侵害呼吸系统和中枢神经系统，是对幼狐危害较大的细菌性传染病之一。成年狐患本病常引起流产和死胎。本病的发生与环境条件有密切关系，尤其是天气骤变，阴雨连连，圈舍潮湿，饲养管理不良，饲料质量低劣，引起消化不良时，易发生该病，如不及时治疗会造成大批死亡。

一、病原

病原为 1885 年发现的大肠杆菌，其变种较多，血清型 200 余种。

狐狸感染大肠杆菌在形态、培养和生化特性上与其他动物基本相同。菌体长 1～3 μm，宽 0.6 μm，是两端钝圆的小杆菌，在体内呈球菌状，常单个排列，偶排列成短链。无荚膜，无芽孢，有运动性，为革兰氏阴性菌。

大肠杆菌抵抗力不强，一般消毒药(石炭酸、升汞、福尔马林)5 min 即可被杀死。55℃经 2 h，60℃ 经 15～30 min 死亡。在半固体琼脂培养基上面覆盖凡士林油层，可保存 3 年以上。

二、流行病学

在自然条件下，10 日龄以内的银黑狐和北极狐的仔兽最易感。1～5 日龄仔兽大肠杆菌的死亡率为 50.8%，6～10 日龄患病后的死亡率占23.8%。

给银黑狐、北极狐腹腔或静脉内注射新分离的大肠杆菌培养物1 mL,一般在24～48 h内死亡。经口服大肠杆菌培养物者很少发病。

带菌动物是本病的主要传染源。被污染的动物性饲料和饮水也是重要的传染因素。

本病常自发感染。当机体的抵抗力降低时,正常存在于肠道的细菌大量繁殖,毒力不断增强,破坏肠道侵入血液,引发本病。母兽妊娠和哺乳期营养不良,会使仔兽发育不良;仔兽断乳后饲料质量差,环境温度急剧变化等都易致机体抵抗力降低而发病。

三、临床症状

病狐精神沉郁,食欲减少或废绝,被毛粗乱无光泽,呆立,有的卧地,拉稀;病初排黄绿色稀便,后期拉水样便,有的粪中带有血液或脱落的肠黏膜,气味腥臭,灰色或灰褐色,带黏液,有的排出湿粪便如焦油状。狐肛门周围和后肢被毛污染,病狐虚弱不能站立,颤抖,体温升高,但四肢发凉,眼眶下陷,全身脱水,皮肤弹性下降,狐迅速消瘦,很快死亡。病程3～6 d,最急性病例不见任何临床症状突然死亡。

患病幼狐精神极度沉郁,活动减少,不断尖叫;持续性腹泻,粪便呈黄色或灰白色,并伴有黏液,尾和肛门被粪便污染,粪便中常伴有未消化的凝乳块;病狐虚弱无力,眼窝塌陷,弓背,步伐摇晃,被毛蓬乱无光泽。

断奶幼狐在断奶后12 d开始腹泻,粪便初为灰白色带有黏液和泡沫,而后便中带血,呈煤焦油样,有的伴有呕吐,后期狐消瘦虚弱,1～2 d死亡。

四、病理变化

尸体消瘦，眼结膜苍白，肛门周围被稀便污染；胃肠内容物有较多的气体和黄绿色、灰白色液体；胃底黏膜充血，布满出血点，有的黏膜脱落，在周围有陈旧的出血斑和大小不等的溃疡，十二指肠黏膜有斑点状出血、空肠臌气，发红，黏膜呈弥漫性出血、回肠、结肠、盲肠内均有不同程度的出血、充血和炎性水肿，内容物为灰褐色的黏糊状。腹水增多，呈橘红色并有恶臭味。全身淋巴结肿大，尤以肠系膜淋巴结肿大出血，外观黑紫色，切面多汁，肝肿大，质脆，表面有点状出血，胆汁充盈；脾脏肿大 2～3 倍、充血、针尖状出血；肾脏充血、柔软、呈暗紫色；心脏有出血点，心包液清亮透明，呈淡黄色，心冠状沟脂肪有点状出血，心肌变性呈淡红色，心内膜有点状或带状出血。肺水肿，气管内有少量泡沫样液体，肺表面有大量的出血点。

五、临床诊断

根据发病情况、临床症状、剖检病变可初步诊断，确诊还需进行实验室检验。

实验室检查：

病原分离　无菌操作，取病死狐的心血、肝、脾、肾、肺、肠内容物等进行涂片，革兰氏染色镜检，肠内容物涂片，发现有散在的中等大小、两端钝圆的革兰氏阴性杆菌，其他脏器的涂片均未见细菌。无菌采取病死狐的心血、肝、脾、肾、肺、肠内容物等进行培养，接种于普通琼脂培养基、伊红美蓝培养基上、麦康凯培养基、普通肉汤培养基和三糖铁琼脂培养基上，37℃下培养 24 h 观察结果。普通琼脂培养基上培养 1～3 d 生成圆形、隆起、表面光滑、湿润的灰白色半透明菌落；伊红美蓝琼脂培养基上可见有黑色带有金属闪光的菌落；在麦康凯培养基上，长出扁平、直径为 1～2 mm 的红色菌落;在普通肉汤中呈均匀的浑浊,有粪臭气味;三糖铁琼脂培养基底部全部变成黄色。对培养的所有细菌进行涂片染色镜检,发现与上述所见的菌体一致。

生化试验　将上述分离菌株分别接种于葡萄糖、乳糖、山梨醇、麦芽糖、果糖、蔗糖发酵管内,结果能发酵乳糖、葡萄糖、麦芽糖、果糖和甘露醇,产酸产气,对蔗糖少量产酸、产气少,不产生尿素酶、不液化明胶,MR 试验阳性,VP 试验阴性。

胃肠内容物毒素检验　无菌吸取胃和十二指肠内容物适量,用生理盐水 1∶1 稀释均匀后,加入灭菌离心管中,经 3 000 r/min 离心 30 min,吸取上清液,给 5 组(每组 4 只)小白气鼠(体重 13～15 g)腹腔内注射,分别为 0.5 mL、0.4 mL、0.3 mL、0.2 mL、0.1 mL,空白对照组 4 只,每只注射生理盐水 0.5 mL,20 h 后观察结果,除空白组小白鼠无异常外,其他各组全部死亡。

六、治疗与预防

治疗:全群狐狸饲料内增加肠炎快治(主要成分氟苯尼考),按说明混料,连用 5 d;对病狐狸肌肉注射为妙(主要成分为恩诺沙星等药物),每千克体重 0.2 mL,每天 2 次,连用 3 d;君杜(主要成分为环丙沙星等),每千克体重 0.2 mL,每天 2 次,连用 3 d。为了尽快控制死亡率,对症治疗,消炎、止血、止吐,用庆大霉素 1 万 U/kg 体重,地塞米松 0.5 mg/kg,混合肌肉注射维生素 K 3 mg/kg,2 次/d,用药 3 d。中药治疗,白头翁 10 g、黄连 10 g、秦皮 12 g、生山药 30 g、山萸肉 12 g、诃子肉 10 g、茯苓 10 g、白术 15 g、白芍 10 g、干姜 5 g、甘草 6 g。煎汤 300 mL,每只狐狸灌服 3 mL,每日 1 次,连用 3 d。

预防:加强饲养管理,搞好卫生消毒工作,隔离病狐狸,对圈舍及周围环境用消毒液进行彻底消毒。

在健康兽场母兽配种前 15～20 d 内,发病兽场母兽妊娠 20～

30 d 内，健康仔兽从 30 日龄起注射大肠杆菌和副伤寒多价苗，间隔 7 d 再注射 1 次。疫苗使用按说明书规定。饲养场严格执行兽医卫生规范，不准用病死畜肉喂狐狸。动物日粮中要加入抗生素（如土霉素、金霉素等）。

第二节 沙门氏菌病

沙门氏菌病又称副伤寒（paratyphoid fever），是由沙门氏菌引起的一种急性或慢性传染病。不同日龄幼狐均可发病，临床上以出现败血症、胃肠炎、腹泻、高热肺炎、脾脏显著肿大和肝脏的病变为主要特征。由于沙门氏菌传播速度快，易暴发，对养狐业危害极大。

一、病原

病原沙门氏菌为且短杆菌，长 1～3 μm，宽 0.4～0.6 μm，两端钝圆，不形成荚膜和芽孢，具有周身鞭毛，有运动性，为革兰氏阴性菌。

沙门氏菌在普通培养基中能生长，为需氧兼厌氧性菌。在肉汤培养基中变混浊，而后沉淀，在琼脂培养基上 24 h 后生成光滑、微隆起、圆形、半透明的灰白色小菌落；能发酵葡萄糖、麦芽糖、单奶糖、山梨醇、甘露醇、产酸产气，不能发酵乳糖和蔗糖；对低温有较强的抵抗力，在琼脂培养基上于－10℃，经 115 d 尚能存活。在干燥的沙土可生存 2～3 个月，在干燥的排泄物中可保存 4 年之久，在含 29％食盐的腌肉中，在 6～12℃的条件下，可存活 4～8 个月。60℃经 1 h，70℃经 20 min，75℃经 5 min 死亡。沙门氏菌在 0.1％升汞溶液、0.2％甲醛溶液、3％石炭酸溶液中 15～20 min 可被杀死。

二、流行病学

自然条件下，银黑狐、北极狐最易感，经皮下或口腔不易使动物感染发病。

主要的传染来源是被污染的动物性饲料。被沙门氏菌污染的牛奶也是重要的传染因素。

本病具有明显的季节性，多发生在6—8月份。常呈地方性流行，多为急性经过，主要侵害1～2月龄的仔兽，哺乳期仔兽患病较少。成年狐狸对本病有一定的抵抗力。母兽在妊娠期间发病，常引起大批流产，出生后1～10 d的仔兽发生大批的死亡。

动物体抵抗力下降是引起发病的诱因。如饲养密集，饲养营养不全，天气骤变易引起发病。断乳期仔兽饲养不当容易发病。

三、临床症状

自然感染的潜伏期为3～20 d，平均14 d；人工感染的潜伏期为2～5 d。本病大致可分为急性、亚急性、慢性3种。临床上根据感染程度及免疫力的不同分为胃肠炎型和菌毒血症型两种。

胃肠炎型分为：

急性经过的病例　表现为拒食，先兴奋后沉郁，体温升高到41～42℃，轻微波动于整个病期，只有在死前体温才有所下降，大多数病狐狸躺卧于小室内，走动时多拱腰，流泪，在笼子中移动缓慢。发生呕吐、下痢，在昏迷状态下死亡。一般需5～10 h或延长至2～3 d死亡。

亚急性病例　主要表现为胃肠机能高度紊乱，体温升高至40～41℃，精神沉郁，呼吸浅表频数，食欲废绝。病狐被毛蓬乱无光，眼窝下陷无神，有时出现化脓性结膜炎。少数病例有黏液鼻漏或咳嗽。病狐很快消瘦，下痢，个别的有呕吐。粪便变为液状或水样，混有大量胶状黏液，个别混有血液，四肢软弱无力，特别是后肢常呈海豹式拖地，起立时后肢无力，时停时蹲，似睡状。病的后期出现后肢不全麻痹。在高度衰竭的情况下，7～14 d 死亡。

慢性病例　主要表现为消化机能紊乱，食欲减退，下痢，粪便混有黏液，逐渐消瘦，贫血，眼球塌陷，有时出现化脓性结膜炎。病狐狸多卧于小室内，很少运动，走动时步履不稳，行动缓慢。在高度衰竭的情况下，经 3～4 周死亡。

菌毒血症型　常见于幼狐，病狐体温降低，全身虚弱；妊娠母狐可引起流产、弱胎和死胎。有的突然发病，体温 39～41℃，食欲废绝，精神沉郁，呼吸急迫，呈腹式呼吸，吐血即死。有的患病幼狐精神极度沉郁，活动减少，不断尖叫；持续性腹泻，粪便呈黄色或灰白色，并伴有黏液，尾和肛门被粪便污染，粪便中常伴有未消化的凝乳块；病狐虚弱无力，眼窝塌陷，拱背，步伐摇晃，被毛蓬乱无光泽。有的食欲减退，厌食，精神不振，被毛松乱无光，体温 41～42℃。两眼流泪，眼结膜有浆液性或黏液脓性分泌物，粘合上下眼睑；有的病狐上下眼睑皮肤由于分泌物浸渍而脱毛、糜烂。眼球无神、下陷，鼻镜干燥甚至皲裂，鼻腔流出浆液性或黏脓性鼻漏。粪便稀软呈水样，有的混有黏液、血液或浓汁。少数病狐尚出现咳嗽、呼吸促迫、呕吐和脱肛等症状。病程稍长的仔狐，消瘦软弱无力，高度衰竭。死前 2～5 d，反射淡漠，昏迷不醒。

四、病理变化

剖检可见黏膜明显黄染，全身多处黏膜和皮下组织有大量出血点。大肠变化不明显，黏膜稍肿胀，有不均匀的充血，覆盖少量黏液。肝脏淤血，呈紫红色，胆囊充溢，肝表面有点状出血，背面肿胀明显，腹面大面积发生脂肪变性坏死，坏死处呈淡黄色，切面有淡红色液体溢出。脾脏肿大 1 倍，下半段脾坏死，呈紫黑色。肾脏肿大，暗红或灰红色，带有淡黄色的阴影。肾脏被膜下有针尖状出血点，肾表面苍白，切面含丰富淡红色液体。多数肺脏无明显变化，有时在胸膜上可见弥漫性点状出血。肺水肿，气管内有少量泡沫样液体。慢性病例心肌炎呈猪肉状。脑实质水肿，侧室内有大量液体。

五、诊断

经病史调查、临床症状和剖检变化可以初步诊断，确诊需进行实验室检查。

细菌学检查　取病死银狐肝、肺、脾和肠系膜淋巴结组织触片，革兰氏染色镜检，可见脾脏内见到革兰氏阴性、着色均匀、长1～3 μm、宽0.5～0.6 μm、无芽孢、荚膜、两端钝圆的小杆菌，多数单个存在；其他组织内很少。

生化试验　能发酵葡萄糖、麦芽糖、果糖、甘露醇、单奶糖、鼠李糖、山梨醇、伯酸糖产酸产气，不能发酵乳糖、蔗糖、覃糖、棉子糖，能利用枸橼酸盐和还原硝酸盐，具有运动力。靛基质试验（－），MR试验（＋），VP试验（－）。

动物感染　将分离菌株接种18～20 g小白鼠2只，均于20～24 h内死亡，剖检脾脏肿大，肠内有稀便和充气，肛门口有稀粪黏糊，以脾脏触片染色后见大量革兰氏阴性、两端钝圆的小杆菌。再划线S·S平皿，获不发酵乳糖的纯菌落。

六、预防与治疗

隔离病狐，每只肌肉注射氯霉素8 mg，每日2次，连用3 d。全群饲料加入0.04％氟哌酸原粉，连用5 d。病重狐皮下注入20％樟脑油0.8 mL。饲养场内外用84消毒液1∶1 000带狐消毒，每日一次，连用3～5 d。停止用活鸡、发育不良及病死鸡喂狐。彻底隔离鸡场、狐场，饲养员不得相互串场调用。对饲养场地、笼舍进行消毒，粪便及时清除处理。饲料调配室地面、器具、饲喂用具等每日坚持清毒。深埋病尸，以防止疫病传播。平时加强狐群饲养管理，增加动物性饲料中新鲜鱼类的比例。用土霉素，狐群按每只仔狐 0.25 g 混入饲料分两次投药，连用 4 d 进行药物预防

第三节　狐巴氏杆菌病

多杀性巴氏杆菌是引起畜禽及人的巴氏杆菌病的病原体，主要使动物发生出血性败血症或传染性肺炎。动物发病后常呈急性、亚急性及慢性经过。急性型呈败血症变化，黏膜和浆膜下组织血管扩张、破裂、出血等；亚急性型表现为黏膜和关节部位呈现出血和浆膜纤维素性炎症变化；慢性型表现为皮下组织、关节、各脏器的局限性化脓性炎症。

一、病原

狐狸巴氏杆菌病的病原体与其他畜禽的同种病原体基本相同，均为多杀性巴氏杆菌，长 0.3～1.0 μm，宽 0.25 μm，革兰氏染色为阴性。组织涂片染色时两极浓染，没有鞭毛和芽孢及明显的荚膜。在培养物内生成圆形、卵圆形或不定长度的杆菌。

细菌在含有血液及血清琼脂培养基上生长良好，在 37℃恒温下经过 24 h 能长出淡灰色、露珠样小菌落，表面光滑，边缘整齐、透明。心分离出的菌株有荧光。本菌抵抗力不强，在 50℃时 30 min 被杀死，58℃时经 20 min 被杀死，70～90℃时经 5 min 被杀死，煮沸后立即死亡，但在－79℃时仍不死亡。在腐败组织及土壤内能存活 3 个月，在粪便内存活 14 d，在禽粪内能存活 72 d，在谷粒内能存活 44 d。1∶5 000 升汞和 5%石炭酸溶液 1 min 内杀死病菌，3%的来苏儿、10%石灰乳和 1%漂白粉溶液经 3～10 min 杀死，2%～3%甲醛溶液 3～5 min 杀死病菌。

二、流行病学

水貂、紫貂、海狸鼠、银黑狐、兔和毛丝鼠等对巴氏杆菌易感。各种年龄的狐狸均可感染本病，以幼龄最易感。

主要传染源是被患有巴氏杆菌病的动物所制成的饲料，尤其是禽类屠宰后的副产品喂狐狸最危险。被巴氏杆菌污染的其他饲料和饮水亦能引发本病。带菌禽类进入兽场是重要的传染因素。

本病的传播途径是消化道、呼吸道及损伤的皮肤和黏膜。经消化道感染时则突然发病，并很快大量传播；如经呼吸道或损伤的皮肤和黏膜感染时，常呈散发流行。

本病发生没有明显的季节性，但以夏、秋季多发。各种引起机体抵抗力下降的因素都是发病诱因。如：动物营养不良，饲养场卫生条件不好，维生素缺乏等都能促使本病的发生。长途运输，天气骤变也易引起发病。

三、临床症状

本病多呈急性经过，一般病程为 12 h 到 2～3 昼夜，个别可达 5～6 d。死亡率 30%～90%。病狐突然发病，精神沉郁，食欲废绝，体温升高达到 40.8～41.5℃，心跳加快，呼吸困难，个别病例从鼻孔流出血样泡沫，有时呕吐，呕吐物呈酱色液体，下痢，粪便中混有脓血丝、脓汁，尿量增多并呈深黄色。黏膜贫血或黄染，常在抽搐过程中死亡。

病理变化：出血性素质是本病的主要特征，以胸腔器官变化为明显。全身多处黏膜和皮下组织有大量出血点，多处淋巴结肿大、出血；大面积出血性病变，明显水肿，切面呈大理石纹样，气管黏膜有泡沫状黏液，胸腔有黄色渗出液。肝稍肿大、充血；皮下黄疸；心脏内膜、外膜均有出血点，冠状沟脂肪也可见有针尖状出血点；肝表面有出血点，质脆，腹面可见有大面积的淡黄色坏死。肺叶呈铁锈色实变,有出血点。胃黏膜严重脱落,胃底有弥漫性出血斑,有弥散性出血,十二指肠黏膜层也大块脱落,肠壁多处呈弥散性出血;脾肿大,呈暗紫色;肠系膜淋巴结肿大并出血,肠内有大量的血液、黏液和脱落黏膜。肾脏肿大,肾脏被膜下有针尖状出血点。

四、临床诊断

根据流行病学、临床症状和病理变化可做出初步诊断。确诊需要做实验室检查。但需与副伤寒、犬瘟热、伪狂犬病和肉毒中毒进行鉴别诊断。副伤寒,主要发生在仔兽,常在皮下经骨骼肌上出现明显黄疸。细菌学检查能分离副伤寒杆菌。犬瘟热为高度接触性传染病,有典型的浆液性化脓性结膜炎,侵害神经系统,出现麻痹和不全麻痹。伪狂犬病在银黑狐中有典型头面不抓伤,呕吐和流涎。病兽啃咬龙笼网。肉毒中毒病初 1～2 d 即发生大批死亡,内脏器官缺乏出血性变化。特征是肌肉松弛,瞳孔散大。在动物性饲料及死亡的狐狸内脏器官中可发现肉毒杆菌毒素。

镜检　取肝、脾和心血涂片,革兰氏和瑞氏染色。革兰氏染色,细菌为革兰氏阴性菌,呈两端钝圆,单个存在;瑞氏染色,发现典型的两端浓染的短杆菌。

细菌分离培养　将病料在无菌条件下接种于血液琼脂上和麦康凯琼脂,37℃恒温培养 24 h,在血液琼脂上生长良好,形成灰白色、圆形、露滴状、不溶血的小菌落。涂片、染色、镜检为革兰氏阴性短杆菌,在麦康凯琼脂上不生长。

动物接种　取小白鼠 8 只腹腔注射肉汤培养物悬液 0.3 mL,观察结果若 8 只在 24～48 h 内全部发病死亡,并从病死小鼠的血液、肝脏、肾脏的病料中是否检出与上述同样的细菌。

药敏试验　在血脂平板上的抑菌圈直径发现对青霉素、卡那霉素和链霉素敏感。

五、预防与治疗

治疗　对狐狸舍用过氧乙酸喷雾进行带兽消毒，每日 2 次；地面用生石灰消毒，对病狐进行隔离治疗。特效疗法是注射巴氏杆菌病高度免疫的单价或多价血清。成年狐狸皮下注射剂量为 20～30 mL，1～3 月龄的幼兽 10～15 mL。对健康狐狸注射抗生素，紧急预防；对每只病狐肌肉注射青霉素 160 万 IU，链霉素 100 万 IU，每日 3 次，同时应加强护理。

预防　严格执行兽医卫生标准，对动物性饲料要严格检查，对可疑饲料应煮熟后再喂。饲养场要定期消毒，严防猪鸡进入。对所有狐狸应接种巴氏杆菌疫苗。对发生疫情的养殖场要彻底清除病原；隔离消毒；被污染的笼子和用具严格消毒，死亡尸体和病兽粪便应烧毁或深埋；淘汰可疑动物性饲料。

第四节　狐结核病

结核病是由结核分支杆菌引起的一种慢性传染病，引起内脏器官干酪化或钙化性结节。主要通过呼吸道、消化道传染。患病动物的肉类饲料、病狐狸的分泌物等是重要的传染源。

一、病原

结核分支杆菌（*M. tuberculosis*），俗称结核杆菌。主要有牛型、人型和禽型。狐狸对牛型和禽型结核杆菌最易感。结核分支杆菌为细长略带弯曲的杆菌，大小 1.5～5 μm，宽 0.2～0.5 μm，呈单个散在的菌丝状存在。不形成芽孢和荚膜，无运动性。分支杆菌一般用齐尼（Ziehl-Neelsen）抗酸染色法，以 5%石炭酸复红加温染色后可以染上，但用 3%盐酸乙醇不易脱色。若再加用美蓝复染，则分支杆菌呈红色，而其他细菌和背景中的物质为蓝色。

结核分支杆菌是专性需氧。最适温度为37℃,低于30℃不生长。结核分支杆菌细胞壁的脂质含量较高,影响营养物质的吸收,故生长缓慢。在一般培养基中每分裂1代需时18～24 h,营养丰富时只需5 h。在培养基中加入适量甘油、全蛋、蛋黄、蛋白及动物血清等,适于该菌生长。

结核分支杆菌对酸(3% HCl 或 6% H_2SO_4)或碱(4% NaOH)有抵抗力,15 min不受影响。结核分支杆菌细胞壁中含有脂质,故对乙醇敏感,在70%乙醇中2 min死亡。此外,脂质可防止菌体水分丢失,故对干燥的抵抗力特别强。黏附在尘埃上保持传染性8～10 d,在干燥痰内可存活6～8个月。结核分支杆菌对湿热敏感,在液体中加热62～63℃,15 min或煮沸即被杀死。结核分支杆菌对紫外线敏感。直接日光照射数小时可被杀死。本菌对磺胺类药和一般抗生素不敏感,对链霉素、异烟肼及氨基水杨酸有敏感性。

二、流行病学

幼龄银黑狐对结核杆菌最易感,北极狐患病较少。主要传染源是被患有结核杆菌病的动物所制成的饲料,狐狸吃了结核病的牛、猪等动物副产品时可发生感染。被结核杆菌污染的其他饲料和饮水亦能引发本病。当动物患肾和肠结核时,病原菌可随粪、尿排出体外而成为传染源。本病没有明显的季节性,但是以夏秋两季多见。在饲养密集、笼子小,粪便清理不及时,环境卫生条件不好,饲料质量差,蠕虫病和感冒等易引起发病。

三、临床症状

大多数病狐狸被毛零乱,咳嗽,很少运动,呼吸困难,有的发生腹泻,便秘,腹部膨胀增大,腹腔积水。实质器官(肝肾等)被侵害时,常无明显症状。当淋巴结受到侵害时,可形成经久不愈的溃疡和结节性病变。

四、病理变化

动物尸体营养性衰竭，病变常发生在肺内。肺脏切面有浓稠凝块和灰色脓样物。气管和支气管受到侵害，形成空洞，其内容物可由支气管进入气管内排出体外。在肠壁浆膜上常见结核结节，肠黏膜上有扁豆大的溃疡，呈灰白色。网膜上也可见单个凝固性结节。肝脏增大，散在有大小不等的灰黄色或土黄色的病死灶。肾包膜下有粟粒大或更大的灰黄色的结节。慢性病例肾萎缩，结节位于深层。在肾盂附近，结核病灶破溃后内容物可进入肾盂。

五、临床诊断

通过流行病学和临床症状以及病理剖检患病器官发生特异的大小不等的干酪样或钙化结节初步诊断。确诊通过变态反应试验，用结核菌素给狐狸眼睑皮下注射 0.2 mL，经 48～72 h 发现有大量流泪，眼睑肿胀为阳性反应，可见半闭和完全闭合。可疑反应眼睑肿胀不明显。阴性反应缺乏上述变化。

六、预防与治疗

治疗　雷米封每千克体重每天 10 mg，需 3 个疗程，1—2 月份进行第一疗程，6—7 月份进行第二疗程，9—10 月份进行第三疗程，每个疗程 45 d，可使狐狸活到取皮期。饲喂结核病畜的肉类不能生喂。带有结核杆菌的牛奶，必须经巴斯德氏菌消毒或煮沸后饲喂。屠宰前进行结核菌素接种，将结核菌素阳性可疑反应的一律淘汰，留健康幼狐狸作种用。病狐狸要隔离饲养，一直到取皮。对病狐狸住过的笼子要用喷灯或 2% 热苛性钠溶液消毒，地面用漂白粉喷撒消毒。患过结核病的人不能饲养健康狐狸。

预防　对结核菌素阳性和可以反应的动物，要隔离饲养，直到取皮为止。对病兽住过的笼子用火焰喷灯或2%苛性钠溶液消毒,地面用漂白粉喷撒消毒。

第五节 狐李氏杆菌病

李氏杆菌病是一种重要的人、畜共患传染病,主要由单核细胞增多性李氏杆菌引起,呈世界性分布。近年来国内有关动物李氏杆菌病例的报道很多,波及全国十多个省市,涉及动物有绵羊、山羊、牛、猪、鸡、兔、鸭、鹅、鹿、鹦鹉、北极狐等,平均死亡率达32%以上,疾病的发生多与青贮饲料有密切关系,故又将本病称为"青贮病"。作为一种重要的食物源性传染病,尤其是近年来,不断从食品中分离到本菌或因食品污染本菌而引起食品中毒的病例频繁发生,本菌在公共卫生学上的重要性日益突出。

一、病原

本病菌为两端钝圆、平直或弯曲的小杆菌,不能形成荚膜和芽孢,长1~2 μm,宽0.2~0.4 μm,在多数情况下呈粗大棒状单独存在,或成"V"字形,或形成短链,有一根鞭毛,能运动,染色呈革兰氏阳性。

本菌为需氧及兼厌氧性菌,培养温度37℃,氢离子浓度63.09~100 μmol/L(pH 7~7.2)。在普通培养基上能生长,在肝汤和肝汤琼脂上生长良好,呈圆形、光滑平坦,黏稠透明的菌落折光观察,呈乳白黄色,在血液琼脂上,呈B型溶血,在肉汤内微混浊,形成黄色颗料深沉。

李氏杆菌具有较强的抵抗力,秋冬时期,在土壤中能保存5个月以上,在冰块内保存3~5个月。在燕麦内可保存10个月。在肉骨粉内保存4~7个月,在皮张内保存62~90 d,在尸体内保存1.5~4个月不失活力。

本菌对高温抵抗力比较强，100℃，经 15～30 min，70℃经 30 min 死亡，用琼脂培养物制成的菌液，在 60～70℃经 5～10 min，65℃以 1 h 死亡，2.5％石炭酸溶液 5 min，2.5％苛性钠溶液 20 min，2.5％甲醛溶液 20 min 被杀死。在 0.25％石炭酸防腐液的血液内可存活一年以上。

二、流行病学

银黑狐、北极狐易感。幼龄最易感。该菌可通过眼及破损皮肤、黏膜进入体内而造成感染，孕妇感染后通过胎盘或产道感染胎儿或新生儿，栖居于阴道、子宫颈的该菌也引起感染，性接触也是本病传播的可能途径，且有上升趋势。维生素缺乏，蠕虫病及其他慢性病使动物体质减弱等是发病的诱因。本病没有明显的季节性但以春夏季发病为多。

三、临床症状

幼龄北极狐患病后，精神沉郁与兴奋交替出现，食欲减退或完全拒食，兴奋时表现共济失调，后躯摇摆，后肢不完全性麻痹，咀嚼肌、颈肌及枕部肌肉震颤，呈痉挛性收缩，致使颈部弯曲，有时向前伸展或歪向一侧，或仰头，有时出现转圈运动，此时病狐到处乱撞，当采食饲料时，出现颚、颈部肌肉痉挛性收缩，从口中流出黏稠的液体。常出现结膜炎、角膜炎、鼻炎等症状，随后出现呕吐、排带血粪便等症状。

成年狐以咳嗽、呼吸困难，呈腹式呼吸为主要表现。病程一般 3～4 d，慢性病例可长达 3～4 周。

四、病理变化

心、肝、肾、脾、膀胱等器官出血、变性，有梗死灶，肺有化脓性炎症，胃肠急性卡他性炎症变化，脑血管充血、水肿，脑硬膜点状出血。

以败血症及脑膜炎的变化为主，肺有化脓性卡他性肺炎，气管黏膜充血、出血；心脏肿大，心尖有出血点，心内外膜出血；肝脏肿大，有弥散性米粒大小干酪样坏死灶；脾肿大有出血斑点；全身多数淋巴结肿大、出血，切面多汁；脑膜和脑实质血管充血、水肿，脑脊髓液增多混浊，脑干变软，有小脓灶。

五、临床诊断

根据流和行病学、临床症状及病理解剖变化，并结合细菌学检查可以确诊。但要与巴氏杆菌病、脑脊髓膜炎及犬瘟热等病相区别。

实验室诊断　无菌采取发病狐肝、脾、肾组织接种血亚碲酸钾培养基（普通琼脂 100 mL，脱纤维兔血 10 mL，2% 亚碲酸钾 1 mL），有黑色菌落生长，并有明显的 β 溶血现象。挑取典型菌落革兰氏染色镜检，可见 G^+，平直或稍弯曲、两端钝圆的细长小杆菌，常单个、成对或成“V”字形排列，或丛集一处，或形成 3～5 个短链。无芽孢或荚膜。将分离菌的肉汤培养物接种家兔结膜囊，3 d 内发生化脓性结膜炎和角膜炎，8～10 d 达最高峰，2～3 周消退。

药敏试验　对分离菌用常规纸片法进行药物敏感试验，结果对磺胺嘧啶钠、氨苄青霉素、红霉素敏感；对青霉素、氯霉素等有一定程度的耐药性。

六、预防与治疗

治疗　隔离发病狐狸，用新霉素拌料，3 次/d，同时青霉素肌肉注射，2 次/d，连用 5 d。磺胺嘧啶钠静按 0.1 g/kg 体重肌肉注射，首量加倍，每天早晚两次，连续治疗 2～5 d。并根据病情对症治疗。配合中药柴胡、金银花、菊花各 150 g，茵陈、黄芩、茯苓、远志、生地、木通、车前草各 100 g，琥珀 15 g，混合水煎，供 20～50

只幼狐 1 d 内服，连用 3～5 d。

预防 加强饲养管理，立即更换饲料，对用作饲料的肉类副产品进行细菌学检查，可疑饲料必须煮熟后再喂，母狐饲槽内剩料及时清理；搞好清洁卫生，对污染的笼舍、地面彻底消毒；做好紧急灭鼠工作，防止野禽和啮齿类动物进入狐场；对被污染的粪尿及病死幼狐做无害化处理。

第六节 犬瘟热

犬瘟热是由副粘病毒科、麻疹病毒属的犬瘟热病毒引起的可感染犬科、鼬科、浣熊科及多种野生动物的高度接触性、热性、急性败血性传染病，被称为毛皮动物三大疫病之一，具有较高的发病率和死亡率。主要侵害易感动物的呼吸系统、消化系统和神经系统。临床上以严重的胃肠炎和神经症状为特征。

一、病原

本病是由犬瘟热病毒引起的，犬瘟热病毒粒子呈现多形性，多数为球形，病毒粒子的直径为 70～105 nm，亦有畸形和长丝状的病毒粒子。犬瘟热病毒抵抗力不强，对热、干燥、紫外线和有机溶剂敏感，易被紫外线、乙醚、甲醛、来苏儿所杀死；2～4℃可存活数周，室温下存活数天，50～60℃，1 h 可使该病毒灭活。pH 4.5 以下和 pH 9.0 以上的酸或碱环境可使其迅速灭活，但低温冷冻可以保得数月，冷冻干燥可保存数年。犬瘟热病毒对乙醚敏感，对碱性抵抗力弱。3%苛性碱、3%福尔马林、5%石炭酸等是较好的消毒剂。

二、流行病学

自然条件下多种皮毛动物对犬瘟热病毒易感。本病一年四季均可发生，但以冬、春季多发。本病有一定的周期性，每 3 年一次大流行。本病最重要的传染源是鼻、眼分泌物和尿液。曾有人报道感染犬瘟病毒的犬 60～90 d 后，尿液中仍有病毒排出。发病蓝狐多为幼狐，60～100 日龄多发，老龄狐发病很少，刚出生的幼狐发病率很低。没有进行犬瘟热疫苗免疫的容易发病，死亡率较高；免疫日龄早并且免疫次数多的发病率和死亡率较低，甚至不发病；免疫时间过晚，超过 2 月龄的容易发病。本病多发生在秋冬季节。

狐犬瘟热病毒存在于鼻液和唾液内，还存在体内多数器官和尿液及阴道分泌物中。通过接触传染，也可通过传递物或传递者传染。狐犬瘟热一年四季均可发生，但以 8—11 月间发病达最高峰，带毒至少 5～6 个月。传染源主要是病犬和病狐、貉以及带毒的动物。在狐配种期，由于动物频繁接触，由一个笼子到另一个笼子，不遵守防疫规则等，都能促使本病传播。

三、临床症状

发病的狐狸有蓝狐和银狐，自然感染的潜伏期通常为 3～6 d 或更长。病狐最初表现精神不振，倦怠，食欲减退，从鼻和眼流出水样分泌物，后期眼睛有固状眼屎，鼻腔流出脓性鼻涕，病狐咳嗽，喘气困难，拉稀薄粪便或暗红色稀便，呕吐，有时呕出血液来，体温升高至 39～41℃，持续 1～3 d，降至接近常温，几天后又第 2 次升温，持续 7 d 以上，呈双相热型。个别病例在下腹部、大腿内侧和外耳道发生水疱性脓性皮疹，爪掌变硬。有些病例的上述症状明显，有的病例表现为神经症状，病狐高度沉郁，站立困难，共济失调，或做圆圈运动。全身呈强直性痉挛或癫痫性惊厥和昏迷。病狐多取死亡转归。耐过的病例常有后遗症，如麻痹症。最急性型病狐常表现出突然高热，不见明显的临床症状，在 1～2 d 内死亡。本病程一般 2～3 d，个别达 20～30 d 以上。

四、病理变化

喉与气管连接处气管内可见血样液体；肺脏局部形成淤血斑，大部分呈肉样变化；肝脏局部淤血，表面可见针尖大出血点，大部分呈土黄色；脾脏肿大，局部可见淤血斑，质软；心冠状血管充血，心壁呈虎斑样；肾脏肿大，质地柔软，表面可见弥散分布的灰白色病灶；脑膜血管充血、水肿、淤血呈树枝状，左半球有一血管有气栓现象；胃肠黏膜呈现卡他性炎症，胃有新鲜和陈旧性的出血点。十二指肠、回肠、盲肠、结肠、直肠均有黏膜脱落，有无数点状出血，出血点也呈现陈旧性和新鲜两种；其中直肠内呈现小溃疡灶；结肠内有呈现带状弥漫性出血现象。

五、临床诊断

根据流行情况、临床症状及剖检变化可初步诊断。确诊需进行实验室检验。

包涵体检查　犬瘟热的包涵体具有特异性，检出率很高，银黑狐和北极狐比水貂高。包涵体主要存在于膀胱、气管、胆管、胆囊、肾和肾的上皮细胞内。一般检查用组织切片，HE 染色效果比涂片效果好。刮取病死狐的膀胱、肾盂、胆囊等组织黏膜，放于载玻片上，滴加 1～2 滴生理盐水，研磨均匀摊成标本片。干燥后用甲醇固定 3 min 自然干燥后，用苏木素染色液加温染色 20 min，水洗，再用 0.1％伊红水溶液染色 5 min。干燥后镜检，细胞核为蓝紫色，细胞浆为玫瑰色，包涵体呈红色，为圆形或椭圆形，具有清晰的边界和均质的边缘。在一个细胞内可见 3～5 个包涵体，在细胞浆内较多，细胞核内较少。

病毒分离　用 SPF 鸡胚绒毛尿囊膜接种进行病毒分离，在实验室取死亡狐的病料，脑、肝、脾制成 1∶4 的悬液，经无菌处理后接种 8 日龄 SPF 鸡胚绒毛尿囊膜，每胚接种 0.1～0.2 mL。具体为接种 10 枚鸡胚,另取 3 枚鸡胚不接种病料做对照,在孵化器内孵化或在 37.8℃温箱内培养,3 d 后观察 5 枚鸡胚的变化,见鸡胚出血,发育变小,尿囊膜水肿,在尿囊膜上有灰白色不透明物,7 d 后再观察 5 枚鸡胚的变化,鸡胚萎缩,皮肤出血,尿囊膜上形成菌落样物增厚似痘斑状,水肿。将绒毛尿囊膜用 10%福尔马林保存,做病理切片观察病毒的形态。另将绒毛尿囊膜用研磨器研磨制成匀浆,用高速离心机高速离心后取沉淀物直接观察病毒的形态。

动物接种试验和病毒再分离　取典型病例的脑、肝、胸腺、脾脏和淋巴结等病料,采用离心或抽滤及抗生素等方法进行无菌处理,再用生理盐水制成 10%混悬剂。在 80～100 日龄的雪貂脑内接种 0.5～1 mL,8～12 d 后,出现相应的临床症状,发病 5～6 d 后死亡。取死亡雪貂的脑、肝、脾制成 1∶4 的悬液,按上法进行鸡胚接种和电镜观察,出现相同的鸡胚和痘斑变化及观察到相同形态的病毒。说明雪貂中分离的病毒与狐狸自然发病分离的病毒是完全相同的。

电镜观察　将绒毛尿囊膜做超薄切片和尿囊膜处理物进行病毒观察,都发现有犬瘟热病毒;在超薄切片中见病毒为球形、椭圆形、梨形、长杆棒状形、黄瓜形等,大小为 100～600 nm,病毒具有双层囊膜,囊膜表面上有长 1.3～2 nm 的纤突,病毒颗粒内部有“峭样结构”。在尿囊膜处理物中表现为不规则形,直径大小为 200 nm,纤突不明显。

间接免疫荧光抗体法检查犬瘟热病毒 取死亡狐狸的脏器(肝、脾、肺、膀胱等)中采集病料并做成冰冻组织切片,用间接免疫荧光法检查组织细胞中是否有病毒存在。根据判断标准,病毒阳性组织中呈现苹果绿色荧光,阴性呈现土黄色荧光。根据发病狐狸制作的冷冻组织切片,经荧光抗体检测都出现苹果绿色荧光,表明在发病组织中都存在犬瘟热病毒。

因犬瘟热临床症状复杂,且常伴有混合感染或继发感染。因此,在诊断上应与狂犬病、伤寒、传染性肝炎和钩端螺旋体病等进行鉴别。与狂犬病的区别犬瘟热无喉头咬肌麻痹,无攻击性;与伤寒的区别伤寒由沙门氏菌引起,用抗菌素和磺胺类药物治疗有效,而犬瘟热同时出现呼吸道症状和皮疹,有神经症状,抗菌素治疗无效;与传染性肝炎的区别暂时性角膜混浊,出血后凝血时间延长,剖检出现特征性的肝病变及体腔有出血样渗出物,犬瘟热无此变化;与钩端螺旋体病的区别无呼吸道和结膜炎症,有明显黄疸。

六、预防与治疗

狐场对犬瘟热要按照以防为主,防重于治的原则,定期进行预防接种。严禁其他动物,如猫、狗进入养殖场。

隔离发病狐,并且对发病狐用高质量的狐狸用犬瘟热高免血清进行肌肉注射,每头份 10 mL,配合肌肉注射利巴韦林 2 mL、庆大霉素 160 万 U、维生素 C 2 mL、地塞米松 2 mg,每天一次,连用 1 周同时对未发病的狐进行紧急预防接种狐狸用犬瘟热单价弱毒苗,并且在饮水中添加广谱抗生素控制或治疗继发感染此外对环境用过氧乙酸进行消毒,狐笼、狐舍、地面清洁消毒,对狐粪堆积发酵,加强狐舍的通风,供给煮熟的优质肉食。

养狐场应制定有效的卫生与防疫措施,减少或杜绝狐狸犬瘟热的发病,对提高养狐的经济效益意义重大。因此在狐狸的日常饲养管理中必须坚持防重于治的原则。首先确保饲料饮水卫生清洁禁止从疫区采购饲料,以保证饲料卫生无污染,因为犬瘟热是很多动物和狐狸共患的如果狐狸吃了患病动物的肉类饲料则会引起疫病发生,造成不应有的经济损失。所以绝对禁止用不新鲜、变质酸败的饲料饲喂狐狸。饮水要保证清洁卫生,严防污水和有害物质混入饮水中水具、料桶要经常冲洗、消毒,防止霉菌滋生。其次加强卫生消毒工作笼舍下面的粪便要每天进行及时清除,并对地面进行冲洗、消毒，保证笼舍卫生饲养场要每月进行喷洒预防消毒对饲养用具要进行定期刷洗消毒，可用0.1%高锰酸钾溶液浸泡料桶、食盘、水盆及加工用具等，没有条件的也可以用煮沸消毒法。第三，加强饲养管理为防止带入传染源，绝对禁止从疫区引种，对新引进的种狐，引进后必须单独隔离饲养半个月，进行观察，确认无病后再进场饲养其他动物尤其是犬科动物不能和狐狸混养在一个场内，以防相互传染严禁狐狸场中人员流动，尤其场外人员严格禁止进入狐狸场对于车辆和人员必须进入狐狸场时应注意消毒平时多注意观察狐群，一旦情况异常立刻进行解决另外要减少对狐狸的应激，防止野鼠进入狐狸场，消灭养狐场中的家鼠和昆虫等，规模化的狐狸饲养场最好坚持自繁自养的原则。第四，预防接种，防止狐狸犬瘟热的有效措施就是定期接种疫苗，目前国内常用的疫苗多为狐狸犬瘟热弱毒苗，免疫程序应根据狐场的具体情况和狐狸自身的抗体水平而定。一般是在春秋两季进行预防注射，参考程序为幼狐6、8、14周龄时分别皮下注射3 mL弱毒苗成年狐在4个月时免疫1次，间隔15 d再加强免疫1次种狐在配种前15 d内再加强免疫1次，免疫保护期可维持6个月。有条件的可测狐狸抗体效价，根据抗体效价进行注射疫苗。另外还要注意药物预防在饲料中加入一些广谱的抗菌抗病毒类药物，能有效地预防狐狸犬瘟热的发生。

第七节　狂犬病

狂犬病（俗称恐水病、疯狗病）是由狂犬病病毒侵犯中枢神经系统引起的人、畜共患的急性传染病，人和温血动物都可感染，狂犬病是目前病死率最高的传染病。

一、病原

病原为狂犬病病毒,是属于负链的单股 RNA 染色体的弹状病毒科。病毒宽 75～80 mm, 长 180 mm 具有子弹状的特异形态。狂犬病病毒粒子在 100～150 nm。在中枢神经细胞内,形成胞浆内包涵体(尼基氏小体)。狂犬病毒在 20℃时可生存两周,37℃生存 24 h,54～56℃生存 1 h,60℃经 5 min 失活,100℃时 2 min失活。在尸体内可存活 45 d,在 50%甘油缓冲液中,于冰箱内能保存 1 年,真空干燥,可保存 3～5 年。本病毒对石炭酸和氯仿等有稍强的抵抗力,在 1%～5%福尔马林溶液中 5 min,0.1%升汞液中 2～3 min,5%来苏儿溶液中 5～10 min,10%碘酊中 5 min 可杀死病毒。

二、流行病学

在笼养条件下的狐,多半是因场内患狂犬病的犬或其他动物,隔笼咬伤笼内的感染发病,多为散发。

狂犬病的传播一般是在病畜的唾液中含有病毒,从咬伤的伤口进入体内,病毒开始在侵入部位附近的非神经细胞内增殖,以后很快到达末梢神经纤维,一面在神经轴内增殖,一面向上移动。其后到达中枢神经,在脑神经细胞急速增殖的病毒,再通过神经轴,离心地向末梢神经传播。一部分病毒到达唾液腺并在唾液腺细胞里增殖,在唾液中释放出大量的病毒,因此,每次咬伤都会扩大感染。以上情况可以认为是病毒在机体内感染增殖的式样。但侵入机体的病毒在到达末梢神经前,以何种形式潜伏在非神经组织里,它们如何进行增殖而向末梢神经,侵入的门户又是在哪里呢?这尚未研究清楚的问题与狂犬病病毒无特定潜伏期有密切关系。因此必须掌握侵入机体初期的病毒状态。

关于病毒侵入末梢神经组织的途径一是病毒从分布有感觉神

经的肌肉或肌腱侵入;其二是与运动神经末端的神经与肌肉结合部的乙酸胆碱受体有关系，特别是后者触突间隙的表面神经没有被覆神经鞘，病毒较易从这里侵入。一旦病毒侵入末梢神经组织，很快到达中枢神经组织。但是病毒从神经细胞向细胞的传播同在细胞质内包涵体和非神经系细胞培养物中有所不同。

三、临床症状

狐狂犬病多呈暴发型,病程分为3期,前驱期,呈短时间沉郁,不愿活动,不吃食,此期不易察觉;兴奋期,攻击性增强,性情反常凶猛,扑咬人和笼舍内物品;后期,病狐经常反复发作,或狂躁不安,或躺卧呻吟,流涎,腹泻,一直延迟到死亡。有的病狐出现下颌麻痹,病程3～6 d,最后死亡。

四、病理变化

狂犬病的病理变化无特征性,主要变化见于胃肠和大脑。胃肠黏膜充血或出血。肝呈暗红色,松弛。脾微肿大,有时可比正常大2～3倍。脑内出现出血,脑内液体增多。

五、临床诊断

根据临床症状出现高度兴奋,食欲反常,后躯麻痹,并有过野犬窜入场内的事实,可初步怀疑为本病。如果在其组织中检查出包涵体,是最有确诊价值的。但不能与神经型犬瘟热相混淆,犬瘟热无攻击性,不狂暴,幼狐对犬瘟热最易感,而狂犬病对任何年龄的狐均可得病;狂犬病呈散发,而犬瘟热多为群发,犬瘟热的包涵体可在膀胱黏膜中找到。与一般病毒性脑炎相似,最特异和具有诊断意义的变化是有内格里氏小体(存在于80%狂犬病患者的神经细胞胞浆中的一种嗜酸性包涵体),圆形或椭圆形,大小3～10 μm,边缘整齐,内有1～2个状似细胞核的小点。最常见于大脑海马的锥体细胞及小脑的普尔基涅氏细胞中。

动物接种　可将死亡动物的脑和唾液制成悬液，按照每毫升悬液加 1 000～5 000 U 的青霉素和链霉素，离心后取上清液 0.2～0.3 mL 接种与小鼠脑内(5～6 只)。如有狂犬病毒存在，小鼠接种后 6～9 d 表现麻痹和嗜睡症状，在症状出现后 1～2 d 内死亡。个别在 14～18 d 内出现症状。

荧光抗体法　取可疑脑组织或唾液腺制成触片或冰冻切片，用荧光抗体染色，在荧光显微镜下观察，见细胞浆内出现黄绿色萤光颗粒即可诊断。

六、预防与治疗

本病目前无治疗方法。一旦发现狐病病犬咬伤，在未发生典型症状前可以强制接种狂犬病疫苗；当出现症状时，则无法救治，只有扑杀以消灭传染源。严格封锁疫区，从最后一个患病动物死亡时算起，经 2 个月后取消封锁。

预防本病应防止野犬、野猫窜入场内，新购入的狐要隔离饲养观察。一旦发生狂犬病，要采取紧急措施，给可疑病狐接种狂犬疫苗，以防止继续蔓延。

第八节　伪狂犬病

伪狂犬病又称阿氏病，是多种动物共患的急性病毒性传染病。临床上主要以侵害中枢神经系统和引起皮肤瘙痒为特征。

一、病原

本病为伪狂犬病毒，伪狂犬病属于疱疹病毒科含双股 DHA，病毒粒子的直径 100～150 nm。伪狂犬病病毒在 50%甘油中，在 0℃环境中可保存数年，在肺水肿渗出液中的病毒于冰箱可存活近

800 d。伪狂犬病病毒在2%福尔马林溶液中，20 min被杀死；0.5%盐酸、硫酸和苛性钠溶液中3 min可被杀死，石炭酸溶液中2 min内可被杀死；加热100℃瞬间能杀死病毒、80℃时10 min可被杀死、70℃时20～30 min杀死病毒、60℃时30 min杀死病毒。

二、流行病学

狐狸和北极狐狸等均易感。特别是喂猪下水及杂肉类饲料时易感伪狂犬病。

病兽和带毒的下杂肉类饲料，是狐狸的主要传染来源。猪是伪狂犬病毒的主要宿主，其本身症状不明显，多呈隐性经过生前不易诊断，猪自然带毒6个月以上。伪狂犬病病毒侵入机体的主要途径是消化道。当狐狸皮肤有外伤也可能感染，口腔黏膜有外伤时，更易感染伪狂犬病。在狐狸中，发生伪狂犬病无季节性，但以夏秋季居多，常呈暴发流行，初期死亡率高，当排除污染饲料以后，病势很快停止。

三、临床症状

病毒通过消化道侵入机体后，经血液循环到各器官和组织中。首先侵害肺脏，聚集繁殖。病毒侵入25～28 h，便出现毒血症。由于肺部受到侵害引起组织缺氧，使组织内氧化过程降低。体温下降至36～37℃，以脏高度扩张。由于血液中二氧化碳饱和，引起血液凝固性降低。供氧不足，导致大脑皮层神经细胞损伤，特别小神经细胞更为严重。由于神经症状，皮肤高度敏感，瘙痒。

患伪狂犬病的狐狸主要特征为眼裂和瞳孔高度收缩，病狐狸精神沉郁，弓腰，在笼内转圈圈，行动缓慢，呼吸加快，体温稍增高，瞳孔缩小。病狐狸呻吟，翻转打滚，往往先跳起，又重新倒下，不仅抓伤皮肤，而且也损伤皮下组织和肌肉，局部出现出血性水肿。由于严重痛痒，常用肢搔抓颈部、唇、颊部的皮肤。

由于中枢神经症状严重和脑脊髓炎症，常引起肢体麻痹或不完全麻痹。兴奋性显著增高的病狐狸，常咬笼子和食具等。有些病例呈犬坐姿势，前肢叉开，颈伸展，咳嗽和呻吟。有些病例出现呼吸困难时，呈腹式呼吸，频率加快达 150 次/min。

银黑狐狸、北极狐狸发病潜伏期为 6～12 d，主要症状是拒食 1～2 次，常发生流涎和呕吐。后期由鼻孔和嘴流出血样泡沫，这种病倒很少出现搔痒伤，病程 23～24 h。

四、病理变化

尸体营养良好，在动物的鼻、嘴角周围及口腔内有粉红色泡沫样液体。

肺脏塌陷呈暗红色或淡红色，肺下缘有时有斑点状出血，从切面流出黑紫色血液或泡沫样淡红色血液。胃肠膨胀，胃黏膜充血并覆盖暗褐色煤焦油样液体。小肠黏膜呈卡他性炎性变化，肿胀、充血，并且覆盖少量褐色黏液。肾肿大，呈樱桃红色间有泥土色，切面多血。脾稍肿大，呈斑点状充血，包膜下可见点状出血，切面湿润，结构清晰。大脑血管充盈脑实质呈面状。器官充血血管周围水肿，血管内腔空泡变性。

五、临床诊断

根据流行病学、特征性临床症状痛痒及病理学变化特点（浆液性出血性肺炎，脑膜炎及大脑神经细胞变性），进行综合分析可以做出初步诊断，进一步确认可进行血清学和生物学试验。

六、预防与治疗

目前尚无特效疗法。发现伪狂犬病后，应立即停喂被伪狂犬病污染的肉类饲料，同时用抗生素控制继发感染。

为预防伪狂犬病发生，对饲料要严格检查，特别是喂猪内脏和肉类时更要注意，应煮熟或无害处理后再喂。

第九节　狐脑炎

狐脑炎是由狐脑炎病毒引起的一种急性败血性传染病，是危害养狐业的重要传染病之一，具有发病急、传染快、危害严重等特点，主要特征是高热、高度兴奋、剧烈痉挛、感觉过敏、共济失调，即以中枢神经系统损害为主，伴发兴奋性增高和癫痫性发作。

一、病原

狐脑炎病毒又称犬传染性肝炎病毒，系腺病毒科（Adenoviridae）、哺乳动物腺病毒属的一员。病毒毒粒为无囊膜、二十面体等轴对称的球形粒子，大小为 70～90 nm。内含线状双股 DNA。沉降系数为 795S。相对分子质量为（20～25）$\times 10^6$ u，G+C 含量为 47％～60％。

本病毒对物理和化学因素有较强的抵抗力。在患狐分泌物、排泄物和脏器组织内存活 4～6 个月。

二、流行病学

所有年龄的狐均易感，但 3～6 月龄狐最易感。在自然条件下，犬、狼、豺、猫、浣熊、黑熊、山狗、海猪和海狸鼠均易感染。人和猴可能呈不显性感染，但病狐、隐性感染狐、康复狐、带毒猫和犬传染性肝炎患犬及康复犬是本病的主要传染源。犬传染性肝炎康复犬、康复狐、隐性感染狐和长期带毒犬是最危险的传染源。

本病主要传播途径是病兽唾液、尿、粪等排出的病毒污染饲料、饮水、用具和周围环境，经呼吸道、消化道损伤皮肤和黏膜感染易感动物。尿液污染环境是本病最危险的传播途径。本病也可能经胎盘和乳汁传染胎儿和仔兽。

本病常呈地方性流行，有时散发，也有暴发流行的报道。无明显季节性，但在夏、秋季节多发。

三、临床症状

潜伏期 10～20 d 以上。根据病程将本病分为最急性型、急性型、亚急性型和慢性型四种最急性型，无任何症状突然死亡。

急性型　病初食欲减退，体温高达 41.5℃ 以上，渴欲增加、呕吐、高度兴奋、肌肉痉挛、感觉过敏、共济失调，在阵发性痉挛的间歇期表现精神委靡，卧于笼舍一角，后期食欲废绝，在深度昏迷中死亡病程 2～6 d。

亚急性型　精神抑郁，体温呈弛张热，发病期达 41℃以上，病兽躺卧，站立不稳，步态踉跄，后肢虚弱无力，麻痹，截瘫或偏瘫，眼结膜和口腔黏膜苍白和黄疸，有的病例出现一侧或两侧性角膜炎，心跳 100～200 次/min，脉搏无节律，软弱，最后衰竭死亡或转为慢性，病程 1 个月。

慢性型　病兽食欲减退或暂时消失，有时出现胃肠道障碍（腹泻和便秘交替）和进行性消瘦、贫血，结膜炎，一般慢性病例能延长到打皮期。

四、病理变化

眼观变化　急性病例内脏器官出血，出血常见于胃肠黏膜和浆膜，偶有骨骼肌、膈肌和脑脊髓膜有点状出血。肝肿大、充血，呈淡红色—淡黄色。大脑半球血管充血；亚急性病例尸体消瘦，可视黏膜贫血或黄疸。骨骼肌呈淡红色—淡黄色。脚部、鼠蹊及腹部皮下组织胶样浸润和出血。脚腔有少量淡玫瑰色带淡黄色液体。肝增大，实质变性，呈土色。脾肿大呈樱桃红色，切面多汁。肾肿大，实质点状或带状出血，皮质与髓质界限消失。胃肠黏膜潮红、肿胀，常有条状出血。胃内混有凝固煤焦油样液体。胃黏膜上有各种形状和大小不等的溃疡灶。肠黏膜肥厚,覆以黏液。甲状腺增大2～3倍,出血,周围胶样水肿。脑和脊髓水肿、充血或出血;慢性病例尸体极度消瘦和贫血,肠黏膜上皮和皮下组织有散在出血点。实质器器官脂肪变性,肝肿大,质硬,带有豆蔻状纹理。

组织学变化　急性病例肝充血,中央静脉扩张,充满红细胞和其他有形成分。病变区肝小梁破坏,肝细胞肿胀,胞浆淡染,含有脂肪滴,核内有圆形或卵圆形包涵体,嗜酸性,个别细胞萎缩,核浓染弥漫性营养不良时肝小叶中心坏死。除灶状坏死外,肝实质伴有大面积广泛坏死、颗粒变性、脂肪变性、细胞崩解。脾滤泡核崩解,小血管出血,网状内皮细胞膨大,核内有包涵体。肠系膜淋巴结呈卡他性、出血性炎症变化和退行性变化。脑实质及血管周围水肿,脑、脊髓和软脑膜血管周围有细胞浸润,脑血管内皮细胞及软脑膜细胞内有核内包涵体。神经细胞变性、坏死,有嗜神经现象和核内包涵体,胸腺、心肌、胰腺、甲状腺等间质结缔组织水肿、出血。

五、临床诊断

根据流行病学、临床症状和病理变化及在肝组织切片中找到核内包涵体可做出初步诊断,但确诊需进行动物接种、病毒分离或血清学诊断。

(1)动物接种　将死亡狐肝脏1∶5混悬液离心沉淀上清液给2～2.5月龄健康狐和犬眼前房(0.2 mL)和腹腔(0.5 mL)接种,接种后4 d眼角膜出现混浊,体温41～41.5℃,接种后8～9 d出现脑炎症状和病理变化而死亡,可作确诊。

(2)病毒分离　采用犬肾或猪肾原代或继代细胞培养分离病毒。采取发病初期的血液、扁桃体或死亡动物肝脾乳剂作组织培养材料。根据该病毒特征性细胞病变和形成核内包涵体加以确诊。细胞病变为接种后2～3 d出现单个成圆形折光细胞,接种

4 d单层细胞面出现空泡,边缘有小岛样病变细胞堆积成较大的团块,呈葡萄串状。

(3)皮内变态反应 此法比补反准确。将感染动物脏器悬液离心沉淀上清液，用甲醛灭活后进行皮内接种,出现红细胞者为阳性。

(4)血清学诊断 ①中和试验:中和抗体在感染后1周出现，持续时间较长，适用于诊断和免疫水平的测定。试验时采用病初和康复期血清，如康复期血清滴度升高倍以上，即可判为阳性。补体结合试验:用该方法检测病兽肝提取物或培养3～5 d培养液内的补体结合抗原或检测患病动物血清内的补体结合抗体。在溶血全部停滞时判为阳性。②琼脂扩散试验:本法简便易行，特异性强，敏感性高。该试验能检查疾病临床症状出现期或死亡动物血清内沉淀抗体或感染组织内的特异性沉淀原。阳性反应在琼脂内被检血清和已知抗原被检组织和已知血清间出现乳白色沉淀带。免疫荧光抗体技术:该法比较实用,可提供准确的早期诊断,能直接检出扁桃体、肝、血液或感染细胞培养物内的病毒和核内包涵体。血凝抑制试验:采取病初和康复期血液。如康复期血清滴度升高4倍以上,即可判为阳性。采用人“O”型红细胞做该试验。

六、预防与治疗

治疗 目前，国内外仍无特效药物治疗。一般对症下药和维持治疗。狐肌肉注射维生素 B_{12}(成狐每只350～500 μg，幼狐每只250～300 μg),3～4 d,同时随饲料给予叶酸0.5～0.6 mg/只,持续10～15 d。对神经症状严重者，可注射适量安溴以缓解症状，病初用抗血清治疗能抑制病毒繁殖和扩散。

预防 平时加强饲养管理和卫生消毒。如从外地购入动物，要进行隔离检疫，严禁猫、狗进入狐场。隔离或淘汰病狐和疑似病狐对污染笼子和小室彻底消毒。用10%～20%热石灰消毒地面。对狐群进行定期免疫预防接种由脏器组织和细胞培养甲醛灭活苗、细胞培养弱毒苗、犬瘟热和狐脑炎弱毒二联苗，钩端螺旋体和狐脑炎二联苗，但国外广泛应用的是细胞培养弱毒苗。国内有组织培养灭活苗、细胞培养弱毒苗、犬瘟热和狐脑炎二联苗。对接触过病兽的假定健康狐和进入污染环境的狐紧急接种高免血清可产生短期保护力。

第十节　细小病毒病

狐狸细小病毒病是由病毒引起的高度接触性烈性传染病。随着养狐狸业的发展，狐狸细小病毒病逐年增多。

一、病原

本病病原为细小病毒(Parvoviridae)，属于细小病毒科，细小病毒属。细小病毒属以小鼠病毒为其代表种。其主要成员包括阿留申病毒(ADV)、牛细小病毒、猫泛白细胞减少症病毒、貂肠炎病毒、犬细小病毒、兔细小病毒、猪细小病毒、鹅细小病毒以及番鸭细小病毒等。到目前为止，只发现其中少数病毒能致发有明显临床症状的传染病，而大多数呈潜伏或持续感染状态。

细小病毒粒子为立体对称的二十面体，无包膜。其 DNA 占整个病毒粒子重量的 25%～34%，相对分子质量为 1.4×10^6～1.7×10^6 u(原子质量单位)，沉淀系数为 23～27S。细小病毒对外界理化因素的抵抗力非常强。细小病毒几乎都有凝集红细胞的特性，血凝和血凝抑制试验是鉴定本病毒和诊断本病的方法。

二、流行病学

狐狸细小病毒病是由滤过性病毒引起的，一年四季均可发生，各种年龄的狐狸都有发病，以幼狐狸发病较多，而且病情较为严重。

三、临床症状

狐狸细小病毒病的临床表现以腹泻、呕吐、脱水为特征的出血性肠炎。病初精神沉郁，食欲减退，体温升高到 40℃左右，呕吐，粪便稀，呈红褐色糊状。中期体温 38℃左右，不食，呕吐，粪便呈咖啡色糊状的血便，量大次数多，且带有特殊的腥臭气味，血便数小时后，体温继续下降，眼球下陷，角膜充血，鼻镜干燥，口色发绀，皮肤弹力下降，表现为严重的脱水症状。后期身体极度消瘦，四肢无力，粪便如油，黑色，肛门松弛，卧地不起，体温 37℃以下，全身抽搐，心力衰竭，贫血，极度脱水，最后直至衰竭死亡。

四、病理变化

肠腔中有水样内容物并混有血液，空肠和回肠黏膜面出血、充血，有纤维素性伪膜覆盖，肠系膜淋巴结肿大并出血，少数病例死于肠套叠。

五、临床诊断

根据流行病学、临床症状和病理变化进行诊断。一般运用细小病毒胶体金试纸条诊断。

六、预防与治疗

治疗　对早期发病的狐狸及时治疗，肌肉注射犬用免疫球蛋白注射液，幼狐狸 1 支/d，大狐狸 2 支/d，连续注射 2～3 d，可配合抗菌消炎、止血、止呕等药物综合治疗。庆大霉素 2 万 U/kg，地塞米松 0.5 mg/kg，混合肌肉注射 2 次/d；维生素 K_3 0.3 mg/kg 或止血敏注射液 0.5 mL/kg，肌肉注射。当腹内血便排空开始饮水，不再呕吐时，可用双黄连口服液 10～20 mL，一次性深部灌肠，效果较好。用等渗葡萄糖盐水加入 5%碳酸氢钠注射液静脉或腹腔输液，根据脱水程度决定补液体量的多少和次数，适当选用抗生素，维生素等。

预防　加强饲养管理，搞好卫生。对狐狸舍及场地、用具等用2％火碱水或10％～20％漂白粉等定期消毒。

第九章　狐狸的寄生虫病

第一节　弓形体病

弓形体病(Toxoplasmosis)又称弓形虫病，是由龚地弓形体引起的人和动物共患的寄生在细胞内的一种原虫病。到目前为止，已证实有45种哺乳动物、70种鸟类和5种冷血动物在自然条件下均可感染本病，其感染率、发病率和死亡率都有逐年上升的趋势，对人和动物的健康危害性严重。

犬和其他动物除消化道感染途径外，还可以通过受损的皮肤，呼吸道、眼以及胎盘等途径感染。此外，输血也可传播弓形体病。

一、病原

病原为龚地弓形，龚地弓形虫能使所有种类的温血动物感染，包括人类在内，但猫是终宿主。龚地弓形虫只在猫属和山猫属动物如豹、猫、狐狸、美洲野猫和孟加拉虎等的肠中营有性繁殖，这些动物就成为它的终末宿主。

猫类以外的其他感染动物都是中间宿主。猫排出的卵囊最多，在散播本病中具有重要作用。中间宿主体内的包囊被猫吞食后，囊壁即在猫的胃和小肠中被消化，其中的慢殖子钻进小肠上皮细胞进行无性繁殖，可重复几个世代。

在无性繁殖期的最后阶段，裂殖体所释出的裂殖子开始其配子生殖。雄性配子游向雌性配子并钻入其中(受精)形成合子，接着形成卵囊，随粪便排至自然界。

卵囊近于球形，大小约(10 μm×12 μm)，在 1～5 d 内完成孢子发育成为具有感染性的卵囊，内含 2 个孢子囊，每个孢子囊内含 4 个子孢子。卵囊对外界环境条件有相当顽强的耐受性，这是弓形虫病广泛存在的一个重要原因。作为中间宿主的动物吞入感染性卵囊后，子孢子释出，进入宿主的各种有核细胞，变为速殖子，以内出芽二分裂方式进行繁殖。聚集在宿主细胞内的空泡中的一群速殖子称克隆或假包囊，其周围并无真正的囊壁。

在宿主细胞遭受破坏后，速殖子被释出转入新的组织液和腹腔液中。在继续繁殖一定时间后，虫体转入神经和肌肉组织中变为慢殖子，形成包囊。终末宿主猫吞入包囊后，有的慢殖子也可以钻进肠上皮细胞以外的其他细胞内变为速殖子，以后也转化为慢殖子，形成包囊，寄生于脑和肌肉等处。

二、流行病学

弓形虫体可感染多种动物。传播途径是多方面的，狐狸可以通过接触，经正常黏膜或损伤黏膜而感染，也可通过子宫内感染，妊娠的动物可通过母体胎盘而导致胎儿吸收、流产。也可通过污染的饲料经消化道感染。

侵入体内的弓形体，沿淋巴经路进入所属淋巴结并在此繁殖。虫体在淋巴结内停留的时间，决定于机体的抵抗力。当机体抵抗力下降时，病原体侵入血液循环沿血液循环传播到全身，甚至引起动物死亡。有抵抗力的动物在血液带虫之后，弓形体可从器官内消失。

三、临床症状

本病潜伏期 1 周到几个月，主要引起胃肠道、呼吸道、中枢神经及眼发病。急性经 2～4 周可致死亡，慢性型可持续数月转为带虫免疫。

病狐食欲消失，呼吸困难，眼、鼻流黏液，腹泻，粪便带血。四肢麻痹，肌肉痉挛性收缩。体温升高到41～42℃，并有呕吐现象。濒死前高度兴奋，尖叫后死亡。幼龄狐狸症状严重，初生仔狐死亡率高。

患病公畜不能正常交配；患病母兽所产的仔兽常在出生后4～5 d死亡，多产在笼壁上，而不产于小室内。这种仔兽常出现体躯变形，头盖骨增大，不久死亡。

四、病理变化

动物肝脏肿大，呈淡黄褐色，表面布满点状坏死区，坏死区周围有红色出血带。胃黏膜充血，有灰白色小坏死灶。小肠黏膜上有溃疡，胃肠内有血凝块。肺水肿、气肿、胸腹腔内有淡黄色渗出液。

五、临床诊断

根据流行病学、临床症状和病理变化进行诊断。

六、预防与治疗

治疗　磺胺类药物有特殊疗效。磺胺嘧啶70 mg/kg，每天口服2次，首次剂量加倍，连用3～5 d。

发现狐狸患病后立即治疗，治愈后的动物及血清学检查为阳性的动物应及时淘汰，病死的尸体及其被迫屠宰的胴体要烧毁或消毒后深埋。进行土壤表面消毒，可杀死土壤中的卵囊。取皮、捕捉用具要煮沸消毒，或用0.5%氨水、5%来苏儿冲洗处理，并在日光下曝晒。

预防　对本病的预防要着眼于防止饲料、饮水不被猫粪污染，不要饲喂生的肉、蛋、奶等，扑灭养殖场的老鼠，消灭可能传播弓形虫的传播媒介。

定期对犬和其他饲养的动物进行血液检查，凡查出隐性型感染的动物，进行隔离观察或治疗，并有计划地淘汰，以消灭传染源；保持环境（栏舍、运动场等）清洁卫生，定期用氨水等消毒，粪便必须经发酵处理后使用；人和动物感染弓形体病后，只有猫科动物才能从粪便中排出卵囊污染环境，犬场禁止养猫或防止猫、犬接触，处理好猫粪，可疑污染的环境用氨水等消毒；禁止给犬喂食生肉、生乳、生蛋或含有弓形体包囊的动物脏器组织，弓形体病的动物或可疑动物尸体，必须销毁或无害处理；必要时采取药物预防，即定期给犬或其他动物服用磺胺类药物，根据犬群或养殖场的情况而定，如用药一周、停药一周、再用一周。

第二节 裂头绦虫病

狐狸绦虫病是寄生在狐狸肠内的扁平柔软而长的带状寄生虫。该虫在狐狸体内成熟后，逐渐脱掉后面的成熟片，每个节片含有上万个绦虫病卵，卵被其他动物吃掉后，通过肠道进入血液循环，进而到各个肌肉组织中，在肌肉内发育成胞囊，该动物便成为绦虫的中间宿主，狐狸吃了含胞囊的肉，胞囊不能被消化，而且在肠道内适宜的温度和营养条件下，发育成幼虫，并用有钩的吸盘吸挂在肠黏膜上，吸收肠内大量营养物质，身体逐渐增大，最后占据整个肠道，这样，狐狸又能成为绦虫的最终宿主。

一、病原

病原体为阔节裂头绦虫。虫体长 60～1 595 mm（平均 403 mm）。北极狐阔节裂头绦虫，虫体长 75～450 mm（平均 196 mm），呈乳白色，头节长 2～3 mm，两侧压扁并且有两个深裂隙代替吸盘。借此牢固的固定在肠黏膜上。

二、生活史

阔节裂头绦虫卵随狐狸粪便排除体外，落入水池中，在15～25℃的条件下，经10～15 d孵化成毡毛蚴，借体毛纤毛游在水中，被中间宿主水蚤吞食，在其体内毡毛蚴脱掉毡毛，侵入体腔内静2～3周发育成小的原尾蚴(长0.5～0.6 mm)。补充宿主鱼吃了被毡毛蚴感染的水蚤后被感染。狐吞食了被烈头绦虫全尾蚴侵袭的生鱼而感染的一种疾病。

三、病理变化

动物尸体消瘦、贫血。小肠内有无数成团的绦虫，可引起肠阻塞。小肠黏膜充血，绦虫头节固着部分呈卡他性炎症。

四、临床症状

患狐狸初期无明显反应，中期由于虫体猛烈发育，患狐狸表现食欲亢进，后期患狐狸腹部胀满，体质衰弱，被毛蓬乱无光，有时呕吐、下痢，可视黏膜苍白，最后体力衰竭而死。在粪便中可见到排出的成熟白色的节片。病狐食欲增强，但身体消瘦，生长迟缓。粪便中带有带状节片绦虫。贫血，白细胞增多，血内蛋白质含量异常，胆固醇含量较高，许多病狐出现癫痫，抽搐，惊厥等。尸体贫血、消瘦、小肠黏膜充血。

五、临床诊断

临床根据病史、临床症状、病理变化等初步诊断，在粪便中检查出绦虫虫卵，也可在粪便中或笼壁上发现绦虫节片或链体时可确诊。

六、预防与治疗

治疗　停食16～18 h后，用氢溴酸槟榔碱粉驱虫。粉剂按每千克体重0.01 g/kg混入饲料中喂给。为防呕吐可用0.5%奴伏卡因溶液将其溶解，按每千克体重1 mL/kg混入饲料中。一般驱虫30～45 min后粪便中排出带有头节的绦虫链体。驱虫后6～8 h方可喂给狐饲料。鱼不能生喂，采取蒸煮、阴干、真空干燥、冷冻、化学贮藏方法。

预防　在污染区，不用生鱼喂狐狸，可将鱼煮熟、阴干冷冻贮藏，备用。

第三节　梨浆虫病

梨浆虫病是血孢子虫目的梨浆虫病引起的一种常吸附于动物颈、胸部皮肤的血液寄生虫病。秋季袭击狐狸，蜱是梨浆虫的媒介物。

一、临床症状

本病潜伏期5～20 d，多为急性经过，突然死亡急性经过的病狐，拒绝食料，体温升高到41～42℃，巩膜黄疸，尿液呈红色。病程为10～14 d，常以死亡而告终。慢性经过的病狐，食欲下降，腹泻，可视黏膜贫血，少数病例有黄疸，病程6～8周，经治疗可以好转。

二、病理变化

剖检时，肾脏增大，呈樱桃红色，纹理展平；膀胱充满红色的尿液，肝脏淡红色，实质变硬，脾脏明显增大，心脏血液呈黑色，不凝固。

三、临床诊断

做血涂片显微镜下检查后确诊。

四、预防与治疗

治疗　可给动物皮下注射1%的台盼蓝溶液，根据动物的年龄和体重，剂量掌握在20～40 mL。

预防　将狐狸饲养在离地面的笼子里。定期灭蜱，经常喷洒20%漂白粉溶液消毒。

第十章　狐狸内科病

第一节　支气管肺炎

支气管肺炎是支气管和肺的急性或慢性炎症。特征是以弛张热型，呼吸困难，叩诊出现散在性浊音区，听诊以啰音及捻发音为主。主要发生于仔兽，在寒冷的季节发病为多。

一、病因

支气管肺炎由呼吸道微生物（肺炎球菌、链球菌、葡萄球菌）引起。由于天气过度寒冷，小室保暖不好，先是引起感冒而后继发该病。也有因天气炎热，小室通风不良，垫草潮湿、闷热而诱发的。病菌感染多由支气管或其周围组织开始。由于病原的作用，使支气管上皮纤毛活动降低，致病原扩散至肺泡，使细菌得以在肺泡繁殖。

二、临床症状

动物表现是精神沉郁，鼻镜干燥，可视黏膜潮红或发绀，体温升高 1～2℃，呈弛张热型。呼吸困难，呈腹式呼吸，60～80 次/min，脉搏 200 次/min。有时咳嗽，粪便干燥，喜饮水，不进食。如不及时治疗，可导致死亡。

幼龄仔兽症状不典型精神委靡，肢体发凉，在窝内四处爬散，发出尖叫声。呼吸加快，流鼻涕，听诊肺部有啰音。指垫水肿，呈紫红色，食欲减退或废绝。

一般病程持续 8～15 d,慢性支气管肺炎拖延数月。如不采取措施,死亡率很高。

三、临床诊断

血常规检验若见中毒的白细胞增多,尤其是中性粒细胞增多并伴有核左移现象,则疑为细菌性肺炎;若嗜酸性粒细胞增多,又在粪便中查到虫卵,则可能是寄生虫肺炎。X 光拍片检查确诊。

四、预防与治疗

(1)治疗　肌肉注射青霉素,成兽 40 万～80 万 U,幼兽 10 万～20 万 U,每日 2 次;还可以青霉素与链霉素混合并用,每次各 20 万～40 万 U,每日 2 次。产仔前要对小室进行彻底清理、消毒,然后垫上干燥的垫草,天气骤变时,要增加垫草或把小室缝隙用纸条糊上。

(2)预防　在动物产仔前要消毒小室,病垫以清洁干燥的垫草。天气骤变时要注意畜舍保温,增加垫草,防止感冒。在不良的天气应减少对仔兽的检查。

第二节　口　炎

口炎是指口腔黏膜非传染性的炎症。一般局限性,有时波及舌、齿龈、颊黏膜等处。以口黏膜潮红、肿胀、流涎等为特征。本病于银黑狐、北极狐多较少见。

一、病因

多是由机械性损伤和饲料尖锐、异物、骨片、未粉碎谷粒硬壳,捕捉时外伤、少有机能性或腐蚀性药物如钾肥皂、苛性钠作用而引起。也可继发与钩端螺旋体、阿留申病、舌炎、咽炎等。当营养代谢紊乱，维生素B缺乏等时也有口炎发生。

二、临床症状

病狐不愿吃食，围着食盆转，想吃又不敢吃，或少吃，流涎，黏膜发炎、充血，有水泡或溃疡面，感染后，黏膜及其皮下组织有化脓性炎症，也可发生坏疽或崩解。如果不及时治疗可进一步发生化脓坏死，在溃疡面上覆盖黄色油状伪膜，重者精神委靡，体温升高。

三、临床诊断

根据口黏膜炎症症状，一般不难诊断，如果要区别细菌感染类型，需要进行细菌培养。应把死于口炎的动物做实验室检查，以排除传染病。

四、预防与治疗

(1)治疗　先消除病因，如修整或拔出不正常的牙齿。用0.1%高锰酸钾或3%过氧化氢溶液清洗口腔，也可用碘甘油涂擦口腔。重症且感染者，可用青霉素或链霉素治疗，每天2次，每次20万～40万U。继发口炎应积极治疗原发病。

(2)预防　捉狐时，严禁用粗硬器具，应采用柔软的器具(手套、捕网)；饲料调制中，力争把骨骼粉碎，合理调制谷物饲料。

第三节　出血性胃肠炎

出血性胃肠炎是一种胃肠黏膜或胃肠腔内伴有出血的胃肠黏膜炎症综合征。本病发病突然，治疗不及时常迅速死亡。

一、病因

本病的病因目前尚不十分清楚，当饲喂质量不好、腐烂变质的肉、鱼、蚕、蛹或白菜等饲料易发，也伴发严重的卡他性胃肠炎。常作为一种症状出现于犬瘟热、副伤寒、传染性肠毒血病等传染病。

二、临床症状

临床症状表现明显，常突然发病，腹泻严重，粪便中混有血液和黏液，呈煤焦油状。患狐精神极度委靡，体温升高，鼻腔干燥，拒食。后期腹痛剧烈，出现神经症状，贫血或可视黏膜发绀，渴欲增强，此时体温降至常温下，常在一昼夜内痉挛而死亡。

三、病理变化

剖检时，可见胃肠黏膜高度水肿，有大量点状或条状出血，胃肠道内容物被染成红色，有时胃肠道黏膜下层也受到侵害，胃肠黏膜有溃疡及坏死灶。

四、临床诊断

根据病史和临床症状，可做出初步诊断。对死亡病例，应将动物排泄物、肠黏膜及取主要脏器的病料送实验室检查，以便及时发现传染病。

五、预防与治疗

(1)治疗　日常饲养中添加一些抗生素添加剂饲料，每天每只600 mg，有良好的预防效果。疾病初期内服硫酸钠或硫酸镁 5～8 g。内服磷霉素钙 10 粒(胶囊)，每天 2 次，连续 2～3 d。对症治疗，皮下注射 5%葡萄糖溶液 50～100 mL，樟脑油 0.5～1 mL，生理盐水 10～80 mL，每天 1～2 次。肌肉注射青霉素 40 万～80 万 U、链霉素 0.58～1 g，同时内服氯霉素或四环素，用量 0.25～0.5 g，也可用磺胺脒 1～1.5 g，每天 2 次。

(2)预防　严禁喂霉变、腐烂、冰冻的饲料，保持饮水卫生和厩舍清洁。

第四节　肠梗阻

肠梗阻指异物进入肠腔使肠管内腔变的狭窄或阻塞。

一、病因

常见的异物为绒毛球、骨骼、果核、橡皮块等。在母兽产仔准备期会出现绒毛梗阻。因此时母兽以牙齿拔掉乳腺和被毛是正常的生理现象，如果吞下的绒毛没有随粪便排除，则形成毛球等阻塞肠腔。

肠腔内异物能阻碍肠内容物继续后移，使阻塞部逐渐停止蠕动，致局部血液循环发生障碍，肠黏膜可因此发炎或坏死。

二、临床症状

母狐产仔后采食减少或食欲废绝流涎，从口腔内排除污白色泡沫。早期即出现呕吐，呕吐物为不消化食物和黏液，随后呕吐物中可出现胆汁和肠内容物。持续呕吐导致动物脱水，电解质紊乱。病狐可能出现频频排粪动作，有腹痛出现，常以腹部摩擦笼网。

慢性肠梗阻主要表现动物逐渐消瘦，粪便稀薄呈黑色或带有血丝。

三、诊断

根据临床症状可做出初步诊断。

腹部触诊，常能触到梗阻肠段前方充满气体和液体扩张的肠管。有条件的地方可用 X 光拍片做辅助诊断进行确诊。

四、治疗

灌服加有消炎药并加热至提问的凡士林油、石蜡油 150 mL，1 天1 次，连用 3～4 d，常可见效。当病畜出现食欲，并在笼子下面发现覆以黏液的结实粗硬的被毛形成的排泄物时，为治愈征候。顽固的病例可进行手术。

第五节 肠套叠

肠套叠是一部分肠管及肠系膜套入相邻的肠管内造成肠不完全或完全阻塞并伴有腹痛的一种疾病。

一、病因

当肠炎、肠梗阻、肠内寄生虫导致肠蠕动过度或逆蠕动而引起。动物受惊吓后剧烈运动也有引起该病的现象。

二、临床症状

病狐狸动物适于废绝，排便停止，有时从肛门内排除血样粪便，带恶臭味，如小肠套叠，可很快继发胃扩张。精神沉郁，被毛粗乱，不愿走动，弓背站立不稳，不时发出呻吟，体温，心跳节律基本正常，听诊肠蠕音微弱，触诊有条状硬物。

三、临床诊断

根据畜临床表现结合临诊症状，腹部触诊基本能确诊。

四、预防与治疗

若诊断措施不当，本病生前常不易确诊，来不及治疗。如果早期发现可实行剖腹术。

手术步骤：

(1)切口部位　切口部位在耻骨前缘，腹中线右侧 2 cm 处做与腹中线平行的 5 cm 切口。术部剪毛、剃毛，碘酊、酒精涂擦部位，后用创巾覆盖部位，固定创巾。

(2)打开腹腔　切开皮肤肌肉各层肌组织，暴露出腹膜先打开腹腔，在腹膜上做一小切口，把左手中指伸入腹内，右手持剪刀在其上剪开与皮肤等同的切口。

(3)治疗患处　将一中指伸入腹腔内寻找套叠部分并将其轻轻拉出体外，然后用灭菌生理盐水湿布隔离后用灭菌生理盐水冲洗其部位，观察该部位有无水肿或坏死。

(4)术后缝合　疏通套叠后，连续缝合腹膜和肌层，结节缝合皮肤，碘酒消毒创口，装上腹绷带。

(5)治疗与护理　肌肉注射青霉素 80 万 IU，安乃近 2 mL，每天 2 次连续 3 d。术后 5 d 内喂些易消化的流食物质，以后可正常给食。专人专管，防止撕咬绷带。

(6)预防　加强饲养管理，不喂霉变饲料及粗纤维较多的饲料，以防刺激肠蠕动加快。不轻易惊扰动物。

第六节　维生素 E 缺乏症

维生素 E(生育酚)是具有 1 个色满环，1 个类异戊二烯侧链，具 α-生育酚生物活力的一类化合物的通称。维生素 E 族包括 α-生育酚，β-生育酚，γ-生育酚和 δ-生育酚，这在一定程度上随色满环的甲基化而变化。右旋-α-生育酚是唯一自然存在的立体异构体，生物学测定效力最大(1.49 IU/mg)。维生素 E 缺乏所引起的疾病按物种变化很大，缺乏可引起生殖障碍，肌肉、肝脏、骨髓和脑功能异常，红细胞溶血，胚胎发生缺陷，以及渗出性素质，这是一种毛细血管渗透性障碍，可以产生骨骼肌萎缩，在某些物种，伴有心肌病损。

一、临床症状

维生素 E 主要是影响动物的繁殖机能，母狐缺乏维生素 E 时，表现发情期拖延，不孕和空怀增加，生下的仔狐精神委靡，无吮乳能力，死亡增高；公狐表现在性欲减退或消失，精子生成机能障碍。营养好的狐脂肪黄染、变性，秋季发生突然死亡。

二、诊断

根据临床症状初步诊断，当发现饲料中脂肪迅速氧化（如贮存较久的肉、鱼、脂肪等），日粮中又未补充维生素 E 时可怀疑本病。本病伴随脂肪织炎（黄脂病）发生。脂肪炎的特点是：皮下高度水肿浸润，脂肪呈黄色，皮下脂肪与皮肤不易分离。

三、预防与治疗

（1）预防　狐狸维生素 E 缺乏症，要根据狐狸的不同生理时期提供足量的维生素 E，在饲料不新鲜时，要加量补给维生素 E。

（2）治疗　狐狸维生素 E 缺乏症时，首先要补充维生素 E，每千克体重 5～10 mg，并可选加乳酶生每千克体重 0.2 g，拌入饲料中；土霉素 5×10^4 U/kg，肌肉注射；青霉素，每千克体重 10×10^4～20×10^4 IU；磺胺嘧啶每千克体重（0.05～0.1）g。维生素 B_{12} 每千克体重 50～100 mg。

第七节　维生素 B_1 缺乏症

维生素 B_1 又称硫胺素或抗神经炎素，是由嘧啶环和噻唑环结合而成的一种 B 族维生素，为白色结晶或结晶性粉末，有微弱的特臭，味苦，有吸湿性，露置在空气中，易吸收水分。在碱性溶液中容易分解变质。pH 在 3.5 时可耐 100℃高温,pH 大于 5 时易失效。遇光和热效价下降。故应置于遮光,凉处保存,不宜久贮。在酸性溶液中很稳定,在碱性溶液中不稳定,易被氧化和受热破坏。

维生素 B_1 主要存在于种子的外皮和胚芽中,如米糠和麸皮中含量很丰富,在酵母菌中含量也极丰富。瘦肉、白菜和芹菜中含量也较丰富。目前所用的维生素 B_1 都化学合成的产品。在体内,维生素 B_1 以辅酶形式参与糖的分解代谢,有保护神经系统的作用;还能促进肠胃蠕动,增加食欲。

一、病因

维生素 B_1 缺乏症的病因除了因饲料中含量不足外,饲料中脂肪氧化、不足及饲料储存时 B 族维生素被破坏和损失等主要原因外,长期饲喂含有破坏维生素 B_1 的硫胺素酶的淡水鱼或某些海鱼,或以酵母作为饲料中 B 族维生素来源的日粮(酵母虽然含有丰富的 B 族维生素,但维生素 B_1 并不多),易引起狐狸维生素 B_1 缺乏症。

二、临床症状

当饲料中维生素 B_1 不足时,经 20～40 d 可引起狐狸维生素 B_1 缺乏症的发生。患狐狸维生素 B_1 缺乏症的动物出现食欲减退或消失,大量剩食,身体衰弱,消瘦,步态不稳,抽搐、痉挛,如不及时治疗,经 1～2 d 死亡。严重缺乏维生素 B_1 时,神经末梢发生病变,组织器官发生障碍,病狐狸体温下降,心脏机能衰弱,厌食、废食,消化机能紊乱等。母狐狸维生素 B_1 不足时,可使妊娠延期,空怀率增高,产下弱仔等。妊娠后期母兽死亡率可达 20%～30%。

三、病理变化

新生仔兽头部出血和血肿。妊娠母兽常见胚胎干尸化。肝呈黄色或黄绿色，质脆易碎，有时有肝破裂。心脏扩大，心外膜有出血点。脑两侧有对称的充血区。

四、诊断

根据大批动物食欲丧失，运动时共济失调及其他神经症状可做出初步诊断。确诊需要进行血液和尿液的检查及维生素 B_1 缺乏时血液中丙酸含量增高，尿液中维生素 B_1 含量降低。通过细菌学和毒物学检验，可以与脑脊髓炎和食盐中毒区别。

五、预防与治疗

（1）预防　狐狸维生素 B_1 缺乏症发生，饲料中要保证维生素 B_1 的含量，不能长期喂给狐狸含硫胺素酶的鱼类。淡水鱼要煮热后喂。

（2）治疗　狐狸维生素 B_1 缺乏症早期发现可用维生素 B_1 进行治疗，并且在饲料中添加酵母，增加富含维生素 B_1 的饲料。银黑狐和北极狐每日每只喂给维生素 B_1 8～10 mg，持续 10～15 d。当出现神经症状并拒食时，可用维生素 B_1 针剂注射，银黑狐或北极狐可注射 0.5～1 mL。

第八节　磷和钙代谢障碍

钙、磷代谢障碍易导致动物发生佝偻病和纤维素性骨营养不良。毛皮动物由于生长较快，对钙磷的需求量很多。

一、病因

肉食动物钙磷合适的比例均为 1∶(1.1～1.4)。如钙和磷的比例为 1∶1，将会发生佝偻病；钙磷比例为 0.5∶1，又可能发生骨质疏松症。正在生长发育中的幼龄动物，妊娠期和哺乳期动物，对钙的需求量大，如不适当补钙，可发生钙缺乏。维生素 D 缺乏时会影响钙的吸收。

主要病因是饲料中钙、磷含量不足或动物处于生长、发育、妊娠、泌乳期，对钙、磷需要增加，钙、磷吸收障碍或比例不当，饲料中缺乏维生素 D，或因肝、肾病变及甲状旁腺素分泌减少，阳光照射不足，导致钙、磷吸收利用障碍。钙、磷从胃肠道排除过多等。

二、临床症状

患兽常出现佝偻病和纤维素性骨营养不良，明显的特征是骨变形。首先是前肢骨、后则后肢骨和躯干骨变形。小腿骨、肩胛骨及股骨有时也有变形弯曲。在肋骨和肋软骨结节部形成念珠状，外观变形。头外观变大，腿变短、弯曲、腹部增大下垂。发病母兽由于髋关节变形，容易难产及造成仔兽死亡增加。发病动物如得不到恰当治疗，可转成纤维素骨营养不良，动物表现齿龈肿胀，牙齿松动上颌增大，头部变形。

三、病理变化

动物骨骼软化和畸形。剖检肥厚的上颌时，有时发现囊肿，内有棕色液体。骨组织营养不良，骨髓萎缩而由纤维结缔组织取代。

四、预防与治疗

(1)治疗　可肌肉注射维丁胶性钙，或补给维生素 D，每只每天 1 500～2 000 U，持续 2 周，以后转为预防。

(2)预防　每千克体重 100 U，同时，日粮中投以鲜碎骨粉等富含钙、磷的饲料，也可补喂磷酸钙片。

第九节 脂肪性营养不良

肝脂肪性营养不良,又称脂肪变性,肝中毒性营养不良,黄脂肪病或脂肪组织炎。本病常伴发物质代谢障碍和器官机能及形态病变。

一、病因

肝脂肪性营养不良是组织代谢障碍的重要疾病。主要是由于饲料酸败,无抗氧化剂,维生素 E、维生素 B 及硒缺乏造成的。

保存时间过久或保存不当饲料,被产毒素细菌侵害,饲喂这种饲料 15～20 d 即可发生肝中毒性营养不良。

二、临床症状

急性型的症状为腹泻,粪便呈绿色或灰褐色,内混有气泡和血液,食欲废绝,痉挛,发生癫痫,不久死亡。

慢性型表现为病狐委靡,活动少,被毛无光泽,腹泻,粪便呈褐色混有血液。剖检时主要病变在肝和肾上,肝增大,变脆,肾增大,呈灰黄色。

三、病理变化

急性病例尸体营养良好,慢性病例出现消瘦。尸僵不明显,被毛蓬松,肛门部常粘有煤焦油样粪便。有些动物可视黏膜黄染。

严重中毒病例,心脏扩张,心肌色淡,纹理明显。

心肌发生不同程度的脂肪变性和颗粒变性。死于妊娠的母兽,脾组织学检查可见巨核细胞数量增加,网状细胞增生。

四、诊断

根据动物饲养史、临床症状、病理变化即可诊断。为排除传染病和中毒病，应采集病料进行病原检查和饲料毒物学检查。

五、预防和治疗

(1)预防　检查饲料质量。确保不喂给被产毒细菌和真菌污染的饲料，确保不喂长期保存的脂肪含量高的动物性饲料。母狐繁殖期内应用维生素 E、维生素 B_{12}、维生素 C 和叶酸。氯化胆碱，每天每次 60～80 mg，预防治疗均可。

(2)治疗　亚硒酸钠 0.1 mg/kg，饲喂 1 周，间隔 1 周，连续 1 个月。亚硒酸钠毒性强，剂量大时动物易中毒，因此要严格控制用量，饲喂时要拌匀。

第十节　肉毒中毒

狐狸肉毒梭菌毒素中毒是由于食用梭菌芽孢杆菌属的肉毒梭菌污染的鱼或肉类等饲料，产生大量外毒素而导致的狐狸急性食物中毒。危害较大，国内外均有发生。

一、病原

肉毒梭菌又名腊肠中毒杆菌，为专性厌氧菌，平均 4～6 μm，宽 0.5～1.2 μm，单个或成排排列，运动性较强，顶端芽孢呈网球拍状。

肉毒梭菌有 6 个血清型，其毒素致病作用相同，但抗原结构不同，同毒素只能用同血清型中和。引起人和狐狸中毒的多为C 型。

肉毒梭菌能分解蛋白质，产生外毒素，毒性极强。此毒素具有较强的抵抗力，对低温和高温都能耐受，当温度达到 105℃时，经

1 h 被破坏。

二、临床症状

狐狸肉毒梭菌毒素中毒为超急性经过,少数为急性经过。中毒狐狸于食后 5～24 h 突然发病，最后 48～72 h。

中毒狐狸表现运动不灵活,不能站立,躺卧,先后肢出现不完全麻痹,不能支撑身体,拖肢爬行,继而前肢也出现麻痹,病重时出入小室困难,常滞留在小室也内外,未进入昏迷前,意识一直很清醒。

有的中毒狐狸表现神经症状,瞳孔散大,眼球凸出,吐白沫,流涎,颌下被毛湿润。少数病例可看到呕吐、下痢。有的中毒狐狸常发出痛苦的尖叫,进而昏迷死亡。有的中毒狐狸无明显症状而突然死亡,死前呈阵发性抽搐。

三、诊断

根据食后 8～12 h 内突然全群性发病,并大批死亡,且怀疑为肉毒梭菌毒中毒,进一步诊断,可将剩食和死狐狸胃内容物敏感动物饲喂试验。

四、预防与治疗

狐狸肉毒梭菌毒素中毒因来势急,死亡快,群发等特点,一般来不及治疗,可用强心、利尿剂,皮下注射葡萄糖溶液等。

五、预防

最有效的除法,是注射肉毒梭菌疫苗,而且最好用 C 型肉毒梭菌苗,每次每头注射 1 mL,免疫期 3 年。从根本上预防狐狸肉毒梭菌毒素中毒,注意饲料的卫生检查,用自然死亡动物的肉类时,要经过高温处理后再喂。

第十一节　自咬病

自咬病是肉食毛皮动物的一种慢性疾病，呈定期兴奋，兴奋期病兽自咬身体的某部。

一、病原

病因不清，说法不一。有人认为是营养性疾病。也有人认为，本病是肛囊腺炎或疥螨所致，一般认为不具有传染性，但同窝、同群狐狸易发。

二、流行病学

自然条件下，银黑狐和北极狐患病较少。种兽春季易发，幼兽8—9月份发作。

三、临床症状

病兽自己咬自己的尾部、臀部或身体的其他某一部位，可造成死亡。病势急剧常突然发作，一夜的时间便可将尾全部咬掉或咬腹侧时，将肠管掏出。也有慢性经过的，先咬尾尖，后咬尾根，再咬臀或腹侧。病兽安静时，精神状态和食欲正常。严重时几天不吃，消瘦、抽搐或营养不良、贫血而死亡。

四、治疗

尚无特异性疗法，但可对症施治。

原则是镇静和外伤处理，还可注射抗生素类药物。盐酸氯丙嗪0.25 g，乳酸钙0.5 g，复合维生素B 0.1 g，研碎混均，分两份放于饲料中喂给，每日2次，每次1份；局部外伤处理是用双氧水或碘酊清洗消毒后，抹磺胺软膏（夏季为防蝇可掺入2%的敌百虫）；

还可试用自咬灵、自咬停等新药。另据蔡志忠报道采用中西药物，内服外用结合的治疗方法收到了较好效果。其方法是每千克饲料中加入硫酸铜和硫酸锰各 0.1 g。用 2%盐酸普鲁卡因 2 mL 后海穴注射；苦参 15 g、百部 15 g、猪苓 15 g、蒿本 10 g、黄连 10 g、黄芩 10 g、陈皮 10 g、甘草 10 g，水煎浓汤过滤，取汁后加等量白酒，待温凉后，将患部浸入药液中 10～15 min，每天 1 次，连用 3 d。

第十一章 狐狸外科疾病

第一节 创 伤

创伤是指机体组织受到外界机械性因子的作用,使皮肤、黏膜等组织的连续性遭到破坏。根据致伤物不同,可分为刺伤、割伤、切伤、挫伤、挤压伤、撕裂伤、冲击伤。创伤又分为闭合性创伤和开放性创伤两类,前者指受伤部位皮肤与黏膜完整,无开放伤口或外出血,主要包括挫伤及压砸伤等;后者指受伤部位的皮肤、黏膜破裂而有开放伤口及外出血,并伴有较深组织的损伤,主要包括切割伤、刺伤及撕裂伤等。

一、病因

咬伤最常见。因幼兽常密集饲养,易发生咬伤。在配种期的成年狐狸,也常发生头颈部咬伤。有时也会发生动物蹄嵌入笼子间隙急欲拔出而造成损伤,甚至骨折。

二、临床症状

主要症状为出血、创口裂开、疼痛和机能障碍。四肢创伤常引起跛行;创伤感染后会出现体温升高,精神沉郁和食欲减退等。

三、预防和治疗

首先应彻底止血。咬创多出现创缘不整,应用新洁尔灭、酒精清洗消毒后修正创缘。

如果创伤感染化脓,应行开放疗法。

动物机体衰弱时可每天静脉输液葡萄糖溶液,配合使用维生素C及B族维生素。

第二节 直肠脱出

直肠脱出常发生于幼龄狐。由于韧带装置较弱,当肌肉紧张时,腹内压增高易诱发此病。长期腹泻时里急后重,引起肛门括约肌弛缓或直肠炎过程是本病的病因。

一、临床症状

常在排便动作后,发现如花形直肠黏膜皱襞脱出,这样的皱襞通常可以自行缩回去。若长时间受刺激时,则黏膜发生肿胀,不能自行缩回。由于里急后重,从肛门内脱出圆柱状、呈弯曲的肠管,银黑狐和北极狐可长达12～20 cm。由于括约肌钳闭,肠管水肿,容易发生外伤及出血。当延误治疗时,黏膜逐渐由淡红色变为深紫红色,并带有灰褐色薄膜,以后肠管发生坏死。在黏膜上常发现小的撕破,覆盖以血块。由于脱出的直肠经常摩擦笼网和同居狐的咬伤,有时招致肠管全部脱出腹腔,甚至有脱出的肠管被同居的狐吃掉的病例。

二、治疗

在治疗前,必须准确进行诊断。明确是全部脱出、部分脱出或肠套叠。部分脱出时,黏膜直接转成皮肤。如遇完全脱出时,在肛门和肠脱出的部分之间插入玻璃棒顶在括约肌内缘内,如套叠时,能自由进入。脱出部分必须整复,并于肛门周围实行袋口缝合。

整复时，头向下保定狐并压迫腰部，预防整复时里急后重而发生的困难。首先清除直肠污物，并以消毒药和收敛药处理。用 0.1% 高锰酸钾溶液洗涤脱出的直肠，再以 1%～2%奴佛卡因溶液蘸湿脱出的区域予以麻醉。以手指整复脱出部分，从脱出部末端开始，轻轻压迫黏膜。为整复方便，银黑狐和北极狐可向肛门内插入试管（盲端向里）。当完成整复后，不取出试管，在肛门周围实行袋口缝合。此缝合的内腔要足以使粪便通过。8～9 d 后，拆除缝合。在此期间，狐可能破坏缝合，肠管可能反复脱出，可与第一次整复方法一样进行整复治疗。如果不能整复。如肠穿孔、肠坏死，要实行直肠切除术。

第三节　子宫内膜炎

子宫内膜炎是由绿脓杆菌引起狐狸的一种传染病，以化脓性子宫炎为主要特征。

一、症状

一般于妊娠 7～20 d 出现症状，妊娠兽体温升高，精神沉郁，食欲废绝。阴门流出灰色、灰绿色脓性物，狐狸尿频，尿中带血。

狐狸一般在产后 3 d 左右出现拒食，精神沉郁鼻镜干燥，行为不安。患病母兽所产子虚弱，发育缓慢。

二、治疗

对外阴部、阴茎及其周围毛的消毒，通常使用 0.1%新洁尔灭；要无菌稀释精液；输精针和扩张管的消毒要彻底，煮沸消毒要达 30 min 以上，煮沸后 80℃烘干；干热消毒温度要达到 80～100℃，60 min；操作间内要保持良好的卫生，不能有灰尘，不允许无关人员随便进入，操作间尽可能封闭严，防止强光直射，室内安装紫外灯，使用前 12 h 至少照射 30 min；加强训练，提高操作技术水平，在熟练的基础上要轻和稳，不要盲目追求操作速度；人工授精前 15～20 d，给狐注射绿脓杆菌多价疫苗进行预防；人工授精后可用广谱抗菌素，如拜有利等清除阴道和子宫内杂菌；一旦发生化脓性子宫内膜炎，以庆大霉素和氨苄青霉素交替使用治疗，配合使用小剂量的垂体后叶素，同时每天用加有青霉素、链霉素的液体冲洗子宫 1 次，必要时静脉注射补糖。

第四节　乳房炎

一、病因

妊娠期饲养管理首先应从妊娠期狐狸的饲养管理着手。妊娠期维持母狐中等体况，如果妊娠期母狐过肥，一方面会造成母狐分娩困难，另一方面往往导致产后乳汁过多，而此时仔狐食量小，所以母狐很容易患乳房炎。

二、临床症状

患狐乳房基部形成纽扣大的结节，有的乳房有外伤，化脓。病重者表现精神不安，常在笼中徘徊，不愿进产箱喂仔狐，而且有的患狐常叼仔狐出入小室，而不安心护理。仔狐由于不能及时哺乳，发育迟缓，由于饥饿，常发出长时间的尖叫声，被毛蓬乱焦躁，重者饿死；母狐因长期乳腺发炎，体温升高，食欲减退或废绝，精神沉郁，体力衰弱。

三、预防与治疗

预防　母狐产后 24 h 内注射恩诺沙星 0.1 mg/kg 使用。

治疗用 0.25%普鲁卡因 5 mL、青霉素 20 万～40 万 U，在患狐炎症位置周围的健康部位进行封闭注射。每日用热毛巾揉乳房，把硬块揉开，挤出乳汁。化脓部位用 0.3%利凡诺溶液洗涤创面，然后涂以青霉素油剂或消炎软膏。用青霉素 40 万 IU、安痛定 2 mL 注射，每日 2 次，连续 3 d。每日用热毛巾揉乳房，把硬块揉开，挤出乳汁。

参考文献

[1] 覃能斌,等.实用养狐技术大全.北京:中国农业出版社,2003.

[2] 朴厚坤,等.实用养狐技术.北京:中国农业出版社,2002.

[3] 郭永佳,等.养狐实用新技术.北京:金盾出版社,1996.

[4] 佟煜人,等.中国毛皮兽饲养技术大全.北京:中国农业科技出版社,1990.